马克思主义理论学术著作丛书
MAKESIZHUYI LILUN
XUESHU ZHUZUO CONGSHU

中国孝德及其教育研究

ZHONGGUO XIAODE
JIQI JIAOYU YANJIU

贺才乐 秘金雷 ◎ 等著

中南大學出版社
www.csupress.com.cn
·长沙·

目录

治服务。所谓“忠孝一本”“以孝治天下”，认为孝父是忠君的前提，孝实际上成了维护封建统治秩序的一种工具。虽然孝道所强调的是孝的理论层面，孝行所侧重的是孝的实践层面，但是孝道和孝行往往是融合在一起的，孝道即孝行，孝行即孝道。

简单地说，孝文化即一切有关孝的物质、精神和制度等的总和，是关于孝的观念、规范和行为方式的总称，它包括孝子、孝名、孝址、孝俗、孝艺、孝典等。正如中国人民大学的肖群忠先生所认为的那样：“中国孝文化”是指中国文化与中国人的孝意识、孝行为的内容与方式，历史性过程、政治性归结和广泛的社会性衍生的总和。① 中国孝文化的基本内容都是从中国人的孝道与孝行中引申而来的，是对中国人的孝道与孝行的理论概括和系统升华，是将中国人的孝道、孝行的内涵与外延不断丰富与拓展而成为中国传统文化的重要组成部分。

孝德教育是教育者对为人子女的受教育者从家庭、学校、社会等方面施加影响，使其学会感恩、珍惜生命，形成敬养父母、侍奉长辈品德的实践活动。它在形式上不仅包括在学校进行的教育活动，而且包括在家庭和社会中开展的宣传教育活动；在内容上至少包括感恩教育、亲情教育、爱心教育、生命教育等。孝德教育是道德教育的一个重要组成部分，是道德教育的起点。教育的“教”字，从字形上来，左边是“孝”，右边是“文”，可以理解为教离不开孝的教育，可见孝文化在传统中国的社会教化和教育中的作用。正如林语堂先生所说：“‘教’字，也是从孝演变而来的。即‘孝’字加一表示使役的偏旁‘文’，意思是‘使……孝’。”②众所周知，“人性本恶”还是“人性本善”的争论长久存在，但是仍旧没有一个结论。人是有道德的，但人的道德品质既不是与生俱来的，也不是后天自发而成的，而是在社会生活中靠不断的教育逐步修养而成的。“思想政治教育是教育者与受教育者根据社会和自身发展的需要，以正确的思想、政治、道德理论为指导，在适应与促进社会发展的过程中，不断提高思想、政治、道德素质和促进全面发展的过程。”③孝德是思想道德的一部分，孝德教育理当属于思想政治教育的范围与领域。思想政治教育不仅包括在学校进行的

---

① 肖群忠：《〈中国孝文化研究〉介绍与摘要》，《伦理学研究》2004 年版，第 107 页。

② 林语堂：《中国人》，浙江人民出版社 1998 年版，第 154 页。

③ 郑永廷：《思想政治教育学原理》第 2 版，高等教育出版社 2018 年版，第 4 页。

教育活动，也包括在家庭和社会中开展的宣传教育活动。因此，孝德教育同样也包括学校教育、家庭教育和社会教育等方面的内容，其主要任务在于不断提高学生的孝德境界，使他们自强自立、百折不挠，勇于承担起生命与时代所赋予的责任。总之，孝德教育是以孝德为内容和目的的思想政治教育活动。孝德教育大体上包括感恩教育、亲情教育、仁爱教育、生命教育、责任教育等方面内容，其目的就是从人性和科学性的角度来帮助人们掌握和了解传统孝道的精神本质，在挖掘传统孝道的合理因素和共同价值的同时，深度探析传统孝德的创造性转化和创新性发展。

孝德、孝道、孝文化与孝德教育几个概念之间，既相互区别，又相互联系。一方面，四者相互区别，各有侧重。孝德作为中国传统道德的一个基本德目，侧重于道德的原则与规范；孝道即奉养父母的准则，侧重于孝德的行为层面；孝德教育是教育者对受教育者有计划、有组织地施加影响从而形成孝德品质的实践活动；孝文化则是一切有关孝的物质、精神和制度等的总和。另一方面，四者又密切联系，相互交叉和融合，都是以孝德为核心，都是以孝思和孝行作为基本面的。除了特别说明，以下一般是指孝德。

（二）孝德的结构

按照系统论的基本观点，孝德可视为一个系统，它由许多要素构成，这些要素与要素之间既相互影响又相互制约，从而形成一定的结构关系，具有一定的功能。孝德的结构意为组成孝这个整体的各个部分（要素）之间的搭配和安排。孝德在内容、心理、文化等层面，具有不同的结构类型。

首先是孝德的内容结构。在内容上，孝德主要包括孝养、孝顺、孝敬，即养亲、顺亲、敬亲等。所谓“大孝尊亲，其次弗辱，其下能养”；“养可能也，敬为难；敬可能也，安为难；安可能也，卒为难”。（《礼记》）从能养、弗辱到尊亲，从养、敬、安到卒，无不体现出一种逻辑顺序，这是从社会历史学角度对孝德内容所做的不完全概括。可见，虽然孝德的标准和要求很多，但养是孝德的基础和前提，敬是孝德的实质和精神。

其次是孝德的心理结构。对中国人的孝德进行心理分析，可以考察孝德的心理结构。在心理上，有人认为孝德主要是由爱心、敬意、忠德和顺行，即由心德和行德构成的。其中，心德（孝心）是爱、敬，即爱心和敬意；行德（孝行）是忠、顺，即忠德和顺行。也有学者认为，孝德是由孝德态度（孝思）和孝德行为(孝行)构成，而孝德态度又由孝德认知(孝知)、孝德情感(孝感)、孝德意志(孝意)等要素构成。总之，无论是哪种结构方式，都有一定的合理性，因为孝思都是孝德的必要前提，孝行都是孝德的必然结果。

最后是孝德的文化结构。孝德不仅在内容和心理方面具有不同的结构类型，而且还具有文化、伦理、教育、政治等方面的多重内涵，是中国文化传统的核心结构。从文化学层面上看，中国"孝文化是儒家仁爱伦理的底线；孝伦理是东方人伦所止的身份规范；孝心理是由家及国的人伦扩展；孝政治是君子齐家治国的基本前提。"①这是北京大学王岳川教授对孝德的文化结构所做的深刻理解。

(三)孝德的特点

孝德是中国传统道德中处理亲子关系特别是子女对父母敬养关系的一种道德要求，具有严格的思想和行为方面的规范。古今中外，子女对父母的天然依恋情感是普遍存在的。这种在思想和行为上的普遍规范性，是孝德最基本的特征。孝德的形成和发展是一个历史过程，无论是孝思还是孝行，都会随着社会的发展和科技的进步而有所不同。鲜明的时代性，是孝德的另一重要特征。孝德在不同的历史时期，或为传统，或为现代，也会表现出不同的特点。

所谓传统孝德，是指中国几千年来铸就的，以儒家孝德思想为统领，以养亲敬亲为主要内容，以配套的制度礼仪为保障的孝思和孝行的总和。传统孝德的特点主要表现为：一是孝德历史具有连续性和传承性。从传说时代的尧舜到五四运动时期以前，孝观念从无到有，孝行为愈益规范和严格，孝从理论化到制度化甚至极致化，中国人的传统孝观念根深蒂固，已经成为中国人的一种文化"胎记"。二是孝德内容的深刻性和丰富性。孝德在不同的历史发展时期虽然内容有所不同，但都是对父母和家族的道德准则，对于孝德的是非标准都有严格的规定。如孟子就曾提出"不孝"的五条标准："惰其四支""博弈好饮酒""好货财，私妻子""从耳目之欲""好勇斗狠"等。(《孟子·离娄下》)"不孝"的后果也很严重，甚至会危及生命。所谓"五刑之属三千，而罪莫大于不孝"，即真正的大罪没有比不孝更大的了。唐后各代，"不孝"也成了"十恶不赦"的重

---

① 王岳川：《孝结构在中国文化中的意义》，《西华师范大学学报(哲学社会科学版)》2009年第5期，第36页。

罪。三是孝德以宗法血缘为基础，以维护统治阶级利益为前提，具有浓厚的宗法性和政治性。中国的宗法血缘关系起源于原始社会，是在父系家长制基础上滋生和繁衍的。此后，个人的孝德一直从属于国家的君统和家族的宗统，个人通过修身养性约束自己的言行，服从于国和家，有力地维护了社会的和谐稳定。四是孝德具有两面性，既有时代局限性，又有人民性，如养老、爱老、敬老、尊老等优秀内容，值得我们去借鉴和改造，至今都具有积极意义。

所谓新孝德，就是人们在社会结构向现代发生重大转型后形成的，以社会主义公有制为经济基础，以全社会成员人格平等为前提，以父慈子孝的家庭美德为核心，以对家庭尽孝、对社会尽责、对国家尽忠为道德规范。它“重新认识了孝道所蕴含的人性意义”，“厘清了某些一直延续至今的、对孝道的严重误解”，①是对传统孝道和家庭伦理的一种超越和重构。这种新孝德具体有以下几种情况：或者是传统孝德精神在新的环境条件下出现的一些新做法，是针对现实生活的新运用和新方法；或者是剔除了传统孝德中那些属于封建、落后、保守和愚孝性质的内容；或者是在传统孝德基础上演绎出一些新理论，针对现实社会问题提出了一些新主张和新创造；或者是对传统孝德理论的正本清源，将原本对传统孝德的一些误解还其本真，去其污名等。长期以来，我们对中国社会流传的所谓“传统孝德”存在着盲目附和的问题，以为是属于儒家学说创始人孔子眼中的传统孝德思想，其实不是孔子本人的真意，而是后人们对其本意的误解。譬如，我们经常说“父母在，不远游”，以为这就是孔子所说的孝德标准，其实紧接其后的还有一句“游必有方”；误认为孝德就是子女对父母要无条件地服从，即使父母有错也是如此，所谓“子不言父过”，其实孔子是主张“谏而不逆”，子女要敢于争辩、规劝父母，以帮助父母改正自己所犯的错误；所谓“不孝有三，无后为大”，实际是讲没有尽到后辈的本分才是最大的不孝；“三年无改于父之道”具有鲜明的繁文缛节特性，属于愚孝的范畴。这些说法，必须给予创造性转化和创新性发展。

新孝德的特点主要表现为：一是亲子关系平等化，更具互益性。这是新孝德与传统孝德最根本的区别。传统孝德主要反映的是封建等级制、家长制条件下的道德要求，亲子关系是不平等的，子女对父母必须绝对服从。所谓“君要臣死，臣不得不死；父要子亡，子不得不亡”“父为子纲”“无违即孝”。这些都

① 朱翔非：《新孝道》，京华出版社 2011 年版，第 11 页。

是中国传统封建社会表现出来的“愚孝”和“愚忠”。与传统孝德相反，新孝德要求亲子交往必须是双向互动的，父母与子女之间在地位和人格上要求平等。在现代社会，父母与子女之间不仅在地位和人格上平等独立，而且在义务和责任上也是双向互动的，这与传统孝德是有根本区别的。传统孝德体现的是一种子女对父母的单向义务责任，即片面强调子女对父母的义务责任。虽然在强调“子孝”的同时也会谈到“父慈”，但后者已被大大淡化和忽视。现代孝德同时强调子女与父母各自相对的义务责任，以此共同承担社会义务责任。当然，现实中出现的“啃老”等社会现象，从“以长者为本位”演变成“以幼者为本位”，与平等互益的亲子关系是格格不入的，因此要坚决反对。二是孝德实质精神化，更具感情性。孝德的原始内涵是养亲和敬亲，其中，养亲是基础，敬亲是实质。改革开放以来，随着中国社会经济的飞速发展，我们实现了第一个百年奋斗目标，在中华大地上全面建成了小康社会，历史性地解决了绝对贫困问题，正在意气风发向着全面建成社会主义现代化强国的第二个百年奋斗目标迈进。按照美国人本主义心理学家马斯洛的需要层次理论，人的需要是有高低层次区别的：第一种是生理的需要，如食物、衣服、住所等；第二种是安全的需要，是指保护自己免受身体和情感伤害的需要；第三种是社交的需要，包括友谊、爱情、归属、信任与接纳的需要；第四种是尊重的需要，包括自尊和受到别人尊重两种情形，如自尊心、自信心、威望、地位等方面的需要；第五种是自我实现的需要，即个人成长与发展，发挥自身潜能、实现理想的需要。前两种需要主要属于物质需要，是较低级的需要；后三种需要则以精神需要为主，是较高级的需要。当人的低级层次的需要得到一定程度的满足以后，就会强烈地产生更高级层次的需要。当今中国已经发展成世界第二大经济体，人们越来越多地关注自己的精神需要，孝德的内容也更加侧重于敬亲层面了，由此呈现出重精神的发展趋势。三是孝德范围回归本位化，更具家庭性。由于传统的家族社会已向现代的公民社会转型，新孝德应努力使孝德的内涵真正回归“善事父母”的本义，避免像传统孝德那样过于泛化孝德内涵，过于拓展孝德的外延与范围，即将孝德与忠、仁等德目适度区分，各司其职，使孝德真正回归家庭。因为孝德不是万能的，孝德不可能解决所有社会问题，使孝德回归家庭道德的本位就成了现代人的明智选择。

二、研究的现状与意义

截至2023年7月12日，笔者在中国知网上以“孝德”为篇名检索到相关学术论文376篇，其中比较集中在2016年(占比53.19%)。下面从国内、国外两个层面，具体分类评述。

(一)国内研究现状

作为“人文宗教”，孝实乃维系中国五千年文明的精神支柱。有学者说：外国人说我们中国没有宗教，我们中国是有宗教的，我们的宗教就是儒教，儒教的宗教信仰便是一个孝字。不同时期的思想家们都有自己的孝德思想，既有求同共识，又有存异争论。

关于孝德的本质，学术界大致有三种观点，即孝德是子孙之德(主体说)、公共道德(泛孝说)，或是君德、宗德(死孝说)等。有学者认为，孝德是子孙之德，孝德的对象不只是自己在世的父母，也包括已去世很久的祖先；孝德的行为方式既有对父母提供衣食上的赡养，也有祭祀祖先、追随和继承前人的意志。(陈瑛、温克勤，1985)有学者认为，孝德是一种公共道德，孝德的对象不仅有父母祖先，而且有宗室、大宗、宗庙、宗老，兄弟、朋友、配偶、神；(李裕民，1974)孝德的行为方式除了奉养父母、祭享先人、继承遗志以外，还有敬奉夫君、勤于政事等。(王慎行，1989)有学者认为，孝德也是一种君德和宗德，孝德的对象是神祖考妣、非健在的人；孝德的基本内容是尊祖；孝德的行为方式是“无休止地享孝祖考的宗教活动”。(查昌国，1993)这几种对孝德的本质的不同理解，反映出人们对孝德的几种不同的价值取向，即微观上的孝德是指子女善待自己的父母，中观上的孝德是指子女在善待父母的基础上进一步善待其他长辈亲友，宏观上孝德的对象还包括对自己祖先们丰功伟绩的追忆和悼念，从而使人类文明得以传承。事实上，这样几种不同的对孝德本质的理解应该是同时并存的。

关于孝德的内涵，从现代社会心理学的观点看，孝德是一套子女以父母为主要对象的特殊社会态度与社会行为的组合，亦即孝德是孝德态度与孝德行为的组合。(杨国枢、叶光辉，1991)对于孝德的传统内涵，伦理学家们对孝德的定义有各自的认识，郑晓红从孝德的伦理内涵方面出发，提出孝德的伦理内涵包括奉养长辈、顺从长辈和祭祀先辈三个方面。肖群忠却认为孝德主要是由爱心、敬意、忠德和顺行构成的，爱、敬、忠、顺是孝德的伦理精神本质。（张坤、杨文新，2005）杨国枢则将“孝德”分为“孝知”“孝感”“孝意”“孝行”四部分。（杨中芳，1988）杨中芳认为前三部分是孝德的态度，孝行是孝德行为；四者并非相互独立，而是有着一定的因果关系。对孝德的正确认知可以产生良好的情绪及行为意向，最终促进孝行的完成。除了这四个层次外，孝德在不同的时代都有着不同的具体内涵。杨国枢等对孝德的具体内涵的定义是以搜集众多有关孝德的语句与事例为基础，经过内容分析，发现以父母为对象的传统孝德大概有十五项内容，即敬爱双亲、随侍在侧、顺从双亲、谏亲以理、事亲以礼、继承志业、显扬亲名、思慕亲情、娱亲以道、使亲无忧、奉养双亲、爱护自己、为亲留后、葬之以礼、祀之以礼等，非常全面而具体。（杨国枢、叶光辉，1991）孝德的内涵愈益丰富，说明孝德在社会生活中运用得愈益广泛，影响也愈益深远。

关于孝德的特点，南开大学教授张分田对孝德的特点曾做过系统研究。在他看来，孝德具有普遍性、时代性、地域性、族群性、信仰性、思想性、个体性等特点。其中，普遍性历史因素对古今中外一切族群的生活方式及亲子规范具有普遍的制约和规定作用，时代性历史因素对处于特定社会形态和历史阶段族群的生活方式及亲子关系具有较大的制约和规定作用，地域性历史因素对社会在特定地域族群的生活方式及亲子关系具有一定的制约和规定作用，这三种历史因素的影响是不以人的主观意志为转移的制约性和规定性，属于客观性历史因素；①不同族群具有不同亲子规范和评价标准，不同宗教都有与其宗教教义密切相关的亲子规范，任何孝德都是思想家们对某种亲子规范不断进行理论归纳的结果，在同一时代、同一地域、同一信仰、同一思想等条件下，社会个体可选择、认同和遵守不同亲子规范，与此相对应的族群性、信仰性、思想性、个体性等历史性因素，成为影响亲子规范演变的主观性历史因素。可见，孝德是普遍性和特殊性、客观性和主观性的统一。有学者认为，新孝德的特点包括平等性、互益性、感情性、自律性等。（刘宪英，2008）还有学者提出主体内容本义化、家庭关系平等化、代际相处双向化等观点。（王涤，2004）

① 张分田：《价值重建时代传统“孝”文化之再检视》，《天津社会科学》2015 年第 1 期，第 166 页。

关于孝德起源的时代，主要有四种观点，即夏代、商代、殷周、西周。譬如，章炳麟在《孝经本夏法说》中指出，孝源于夏代，所谓“严父大孝创制者禹”；(章炳麟，1893)杨荣国认为孝源于商代，因为“在殷代，有了孝的事实，当然也就说明那时确有了孝的思想的产生”(王长坤在《先秦儒家孝道研究》一书中也认同此观点)；①李奇在其论文《论孝与忠的社会基础》中指出，孝的道德观念与实践产生于殷(商)周时代的奴隶社会，也就是说孝是源于殷周的；(李奇，1990)郑慧生在《商代“孝道”质疑》一文中讲“孝道滥觞于西周”，认为孝源于西周；(郑慧生，1986)王慎行在其论文《试论西周孝道观的形成及其特点》中则进一步指出，“西周孝道观的形成当始于文王时代”。(王慎行，1989)总之，虽然关于孝的起源说法颇多，但若是要将孝的产生年代定为某一具体时期，还需要进一步补充证据以增强说服力。

关于孝德产生的社会条件，也有不同的观点。譬如，周予同在《“孝”与“生殖器崇拜”》中就明确指出：“在生物界里，两性的爱比亲子的爱普遍些。高等动物才表现亲对于子的爱；人类再进一步，才表现子对于亲的爱”；“这种亲子间表达相互的热烈的爱本是人类社会自然的产物”。(周予同，1983)林甘泉认为，孝的观念是父系家长制和父权的产物。而在李奇看来，“孝作为道德准则和规范，是宗法家族制度的产物”②。

关于孝德的是非评价标准，更是五花八门，说法不一。在中国古代社会，从上到下长期以来都是鼓吹和倡导孝德的，下可维护家族父权等级制，上可稳定皇权专制统治，通过“以孝治天下”，达到封建皇权的长治久安。早有《孝经》就对天子、诸侯、卿大夫、士、庶人分别提出了不同的孝的标准，这些标准到宋明时期被发展到极致。人们对中国传统孝德曾经持两种态度：一种是基本肯定。孙中山先生对中国孝德给予高度评价，认为只有大力倡导忠孝，国家才能强盛。谢幼伟、梁漱溟也都认为，孝德在中国文化史上作用至大，地位至高。另一种是基本否定。在五四时期，新文化运动掀起了“非孝”的高潮。被胡适称为“中国思想界的清道夫”“四川只手打倒孔家店的老英雄”的吴虞，在其《说孝》一文中就明确指出：“传说的孝悌之道就是教一般人恭恭顺顺地听他们一干在上的愚弄，不犯上作乱，把中国弄成一个‘制造顺民的大工厂’，孝字的大作

① 杨荣国：《中国古代思想史》，人民出版社1973年版，第11页。

② 李奇：《论孝与忠的社会基础》，《孔子研究》1990年第4期，第75页。

用，便是如此。”①陈独秀甚至还提出“万恶孝为首”的口号。鲁迅也多次撰文，揭露和批判传统孝德压抑个性自由和独立人格。韦政通则是这样来评价孝德的：“孔子的‘无违’之教，对中国人的人格特质有决定性影响，这影响就是使中国人权威主义人格的倾向特强，个人独特的行为，很少被允许……这样的孝道对维护家族制度是有功的，却不容易培养出独立自尊的人格。”②二十四孝故事在现代社会是否具有合理性，以及现代人应该如何行孝等问题，无不成为人们热议的话题。有的学者还对墨、道、法三家关于“非孝”的观点与论述，与儒家孝论进行比较，初步论述了他们思想性格之间的差异，为我们理解诸子之间不同的理论基调提供了一个有益的视角。③ 可见，何谓“孝”，何谓“非孝”其实是一个发展的问题，应该是与时俱进的，是随着时代的发展和社会的进步而变化的。

关于传统孝德的现代转化，学者们对传统孝德的基本态度比较一致，即实现其创造性转化和创新性发展，只是具体观点稍有不同而已。有的学者认为，需要在把握孝德内涵与时代要求的基础上，通过构建新型孝德理论、整合孝德教育、筑牢制度保障、激活礼俗实践等方面进行整体推进；(刘函池，2019)有的学者提出，通过规范教育、结合时代需求、关注法律和道德约束等来继承和发扬传统孝德。(岳鹰，2017)

关于孝德教育的概念，郭学渊曾对孝德教育做出界定，认为孝德教育是指教育者应用一定的教育方法和手段对受教育者实施尊亲、悦亲和养亲为内容的人文素质教育(郭学渊，2010)。刘宪英在其学位论文《中学生孝道教育研究》中也明确指出，孝德教育是教育者对受教育者进行有关孝的道德教育，使其内心发生符合教育要求的变化，从而提高自身孝道品质的过程。(刘宪英，2008)这些概念界定，虽然是围绕孝的内容作出的，但都未能将所要培养的孝德品质具体化。

关于孝德教育的内容，有的学者认为，孝德教育包括家庭教育、感恩教育、爱的教育、树立榜样、加强立法等；有的学者认为，加强家庭责任感教育和感

---

① 吴虞：《说孝》，转引自《中国现代思想史资料简编》第 1 卷，浙江人民出版社 1982 年版，第 371 页。

② 韦政通：《儒家与现代中国》，上海人民出版社 1990 年版，第 144 页。

③ 赵宏宇：《“孝”与“非孝”之争——以墨、道、法三家的非儒论述为中心》，《现代哲学》2009 年第 2 期，第 104 页。

恩教育，有利于青少年的道德养成；①有的学者认为，大学生孝德教育的内容是孝情教育、孝敬教育、孝恩教育、孝养教育等；有的学者认为，大学生孝亲教育的内容主要是反哺式赡养教育、责任意识教育、完善人格教育等；②有的学者认为，孝德教育的内容至少应该包括感恩教育和生命教育。在孝德教育的内容方面，尽管说法不一，但实质内容却大同小异，基本上可以趋于一致。

关于孝德教育的途径和方法，有的学者认为，孝德教育的途径包括课堂教学、实践活动、构建现代化平台、营造良好环境等，孝德教育离不开学校教育、家庭协同、社会参与。有的学者针对学校孝德教育，提出了思维训练法、情感陶冶法、行为训练法等基本方法。③

此外，还有关于《孝经》等孝典籍的不同解读。有的学者对孝意识做时间分析，如北京大学的张祥龙对孝与慈、《易》与海德格尔现象学、过去与将来进行比较批判。还有学者对孝做经济学分析。不少学者运用各自的优势，对孝德进行跟踪研究，取得了一系列富有特色的研究成果：如孝感学院的杨振华有关孝的价值、源流与演变的系列研究成果，北京第二外国语学院的朴钟锦有关中、韩孝观念比较的系列研究成果等。尽管国内有关孝的研究较多，但内容一般比较宽泛，且局限于儒学范围之内，进行儒、释、道孝论比较研究的并不多见。

总之，对于孝文化的研究而言，我们对孝德的一般性分析研究较多，譬如在孝德的起源、内涵、地位、作用等方面研究较多，而对孝德的创新与发展，对孝德教育的内容与方法，对新孝德的践行，对孝文化的比较研究较少，对现代社会出现的新问题、新现象等深入思考与探讨不够。这就给我们的后续研究留下了很大的空间。

（二）国外相关研究现状

在亚洲的日本、韩国、新加坡等国，一直恪守起源于中国的传统道德（包括孝德）。包括孝德在内的儒家文化自 5 世纪传入日本后即开始生根发芽，业已

---

① 高中健、张英敏：《传统孝文化在青少年道德教育中的价值探讨》，《中国青年研究》2008 年第 2 期，第 89 页。

② 刘建：《大学生孝亲伦理道德培养》，《信阳师范学院学报（哲学社会科学版）》2007 年第 6 期，第 34-35 页。

③ 吴俊蓉：《谈学校德育中的孝德教育》，《现代教育科学》2006 年第 5 期，第 64 页。

成为日本人精神世界不可或缺的组成部分，《孝经》和《二十四孝》等书籍在日本广为流传，各地学校普遍采用《孝经》作为教科书，学者桑原骘藏还专门论述孝德，孝德与日本人民的生活紧密相连。儒学传入朝鲜半岛比传入日本还要早，统治者大力推行儒家孝德，在法律上规定严禁一切违礼的冠婚丧祭活动，大力褒奖孝行，渲染孝感故事，广立忠孝牌坊，厉行孝德教育，确定《孝经》为成均馆、四学及乡孝的必修科目，译制、编撰和印发《三纲五伦行实图》《孝行录》《五礼仪》等，孝德推行效果很好。以崔圣奎为代表的韩国孝运动团体总联合会，提出现代孝道的"七大理念"：实践敬天爱人思想；孝敬父母和师长；关爱儿童、青少年学生；爱家；爱国；热爱大自然，保护环境；爱近邻，服务全人类。这些理念，与我国儒家的传统"泛孝"观点非常类似。1987 年，韩国有关方面曾对大邱等地的 4 所高校学生进行调查，结果仅有 1%的人主张与父母分居并在经济上不资助父母。新加坡崇尚中国儒家学说，倡导严格的孝文化，建设祖居工程。李光耀一再呼吁新加坡人要重视孝德，在学校开设"儒家伦理"课程，提倡养老优良传统。2007 年 10 月，越南学者阮鹏翔在"中国 · 孝感建设'中华孝文化名城'国际研讨会"上做《孝道的演变以及价值》的主题演讲，涉及孝德的来源、发展、内容、本质、评价等方面内容。越南也有一些弘扬孝德的做法，如将孝和忠联系起来，并提出忠于国、孝于民的口号；尊称孩子为祖国牺牲了的母亲为"英雄的母亲"，并在全国掀起树立新文化家庭的运动等，值得我们借鉴。

在苏联，著名教育家苏霍姆林斯基也有相关孝论。譬如，教育孩子关心周围人的疾苦，特别要尊敬老人。在苏霍姆林斯基看来，尊敬老人是尊敬人的最明显的表现；对老人不尊重，甚至冷漠无情，就是对社会的一种激烈的"报复行为"。因而苏氏强调要让孩子多为老人做些好事，多去关怀和同情老人，以此培养孩子成为对周围的人富有同情心的人。又如，培养青少年学生爱祖国、爱人民的感情，应该首先从爱父母做起；对孩子的教育要从具体知识入手，如果一个孩子连他的妈妈都不爱，他还会爱人民、爱家乡、爱祖国吗？是的，爱国从来不是抽象的，而是具体的，爱祖国是和爱人民、爱家乡、爱父母紧密联系在一起的，也是通过爱人民、爱家乡、爱父母表现出来的，爱父母是爱祖国的起点，而父母亲的安宁和幸福是取决于他们的孩子们的。这些孝德观点与中国儒家孝论非常类似，可见中外同理。著名教育心理学家维果茨基的"最近发展区理论"等，给我们化解孝德危机、培育新型孝德提供了方法论意义的指导。

人类心理的发展起源于社会、文化、历史的发展，而人类的发展是受社会规律制约的，这是维果茨基提出“最近发展区”理论的认识论基础。维果茨基认为，要使教育对学生的发展起主导和促进作用，就必须确立学生发展的两种水平：一是他已经达到的发展水平，表现为学生能够独立解决问题的智力水平；二是他可能达到的发展水平，但要借成人的帮助，通过模仿在集体活动中才能达到解决问题的水平。这种学生在成人指导下所能达到解决问题的水平与在独立活动中所达到的解决问题水平之间的差异，就是所谓的“最近发展区”，这就为学生的发展与进步提供了现实的可能空间与潜在水平。因此，维果茨基特别提出“教学应当走在发展的前面”，就是对教育过程而言，重要的不是着眼于学生现在已经完成的发展过程，而是关注他那些正处于形成的状态或正在发展的过程。“最近发展区”理论对于我们通过开展孝德教育以化解孝德危机、培育新型孝德具有现实的理论借鉴意义。

中国传统孝德在西方世界也产生了深远影响。德国黑格尔认为，中国纯粹建筑在这种道德的结合上，国家的特征便是客观的“家庭孝敬”。① 19 世纪末，美国传教士亚瑟·亨·史密斯也曾这样来描述孝德：如果讨论中国人的德行特点，不提及“孝心”是绝对不行的，孝行当先即是中国人的德行特点之一。(《中国人的德行》)孝亲是人类的共同本性，西方虽未出现“孝”的概念，但并不意味着没有相关思想。早在古希腊时，人们就很重视子女对父母的孝敬。柏拉图认为，一个人对生养他的亲人所欠负的一切，必须尽其所能地加以回报，如孝敬财产，亲自供养，奉献整个灵魂。亚里士多德在《伦理学》中也明确指出，以食物奉养父母比供养其他人更重要，因为他们对我们有养育之恩；奉养我们的双亲超过对自己的照顾，是更值得赞扬的事情。在亚里士多德看来，一个人敬神，也应该敬自己的父母。雅典的梭伦就将诚实、孝敬、有较富裕的生活作为幸福的条件。

在欧洲，《圣经》里有大量对父母子女代际关系的论述。上帝耶和华要求基督徒必须恪守摩西十戒，其中第五条就是“当孝敬父母”。(《出埃及记》，第 20 章)只有当你按照耶和华的吩咐孝敬父母时，他才会使你得福。在《申命记》《利未记》《以弗所书》《箴言》等书中也都有类似论述。如“要孝敬父母，使你得福，在世长寿”。(《以弗所书》，第 6 章)这些有关的孝论也值得我们去系统地

① 黑格尔：《历史哲学》，王造时译，上海书店 2006 年版，第 114 页。

概括总结。英国资产阶级启蒙思想家霍布斯在其名著《利维坦》中就有专门篇幅论孝，在霍布斯看来，子女最初的成长要依靠父母的照管，所以当他们在得到父母教养时就应当服从父母，即使在长大以后也要在外表上以崇敬的方式感谢父母所给的教益。

在美国，不少学者习惯于从父母有无要求子女报答养育的权利或子女有无报答父母养育的义务角度来思考孝德问题，只是具体观点不尽相同，有的更是针锋相对。如简·英格莉希（Jane English）认为要看亲子关系维持的友谊程度，如果亲子之间结下了友谊或存在爱的感情，子女就应尽回报义务；①雷蒙德·贝洛蒂（Raymond Belliotti）认为要看父母对子女人格的正向奉献程度，对于那些培育我们人格构成（personal identity）有帮助的人，我们就有某种特别的道德（孝德）义务；②简·纳吾尔森（Jan Narverson）认为要看父母对子女提供了多少好处，如果子女认为父母的辛苦努力对自己有好处，子女就应该设法回报父母，并以此为基础提出了所谓的“理智投资人理论”（prudent investor thesis）；③克里斯蒂娜·萨默斯（Christina H. Sommers）认为要看亲子关系是否形成子女回报父母的社会风尚与规范，而道德责任的生成必须同时具备两个条件，一是道德行为者和道德行为对象之间存在着特别的交往行为（如养育与陪伴），二是这种相互交往所发生的环境条件引起人们的某种常规习俗的期望；④美国学者杰佛利·普鲁斯坦（Jeffrey Blustein）则认为父母的养育最多只能要求子女承担感激性义务，子女可以通过语言或行为向父母所给予的恩惠表示感谢，但父母无权向子女索取回报。⑤ 这种孝德义务论，对于我们构建现代亲子关系具有重要的启示意义。20 世纪 80 年代，美国学者普鲁斯坦在《父母及子女——家庭伦理》一书中提出了所谓现代社会的“子女父母责权模型”，区分了父母、子女双方各自的权利和义务，并诉诸法律给予保障，这与以父母子女主从隶属、子女对父母的单向义务为特征的儒家之孝相比，具有较多的合理性，为我们构建现

① Jane English. Grown Children's Filial Obligation. Wadsworth Publishing Company, 1996: 442-447.

② Raymond Belliotti. Honor Thy Father and Thy Mother and to Thine Own Self Be True. Southern Journal of Philosophy 24(2) (1986): 152.

③ Jan Narverson. Parents and Children: A Reply to Narveson. Southern Journal of Philosophy 26 (2) (1988): 288.

④ Christina H. Sommers. Filial Morality. Rowman and Littlefield, 1987: 69-84.

⑤ Jeffrey Blustein. Parents and Children: The Ethics of the Family. Oxford University Press, 1982: 176.

代孝德模式、改变孝德教育方式提供了理论借鉴。还有所谓个体孝德认知发展的“五阶段模式”等类似的孝德理论。如早在1974年，李(Lee B. A)就提出了有关个体孝德认知发展的五阶段模型：孝是在物质上有利于父母或祖先的行为，认为给予物质性好处越多就越孝；孝是任何有益于父母或祖先的行为，或是出于好意的行为，并意识到情感或精神支持重于单纯的物质满足；认为亲子关系是以彼此关爱、情感及服从为基础的，孝则是以和谐的方式维持及达成这些相互期望的行为的；孝是一套有关关爱等情感关系的理想原则，它不仅能维持一个家庭内部的和谐，而且还是一套运用于所有家庭，并达成社会和谐的法则；虽然不同的社会可选择不同理想目标的统合原则使社会和谐，但是孝却是最适合中国人的基本原则，最能落实中国人的伦理目标。李还指出，皮亚杰所提出的儿童认知能力的发展是其孝德认知发展阶段的必要非充分条件。从李的五阶段模型可知：孝首先是子女对父母在物质上的奉养；孝更是精神和情感上的支持与给予，以及一切对父母有益的行为；孝是以亲子之间的情感和爱为基础的；孝不仅是小家的内在和谐，更可以延伸到整个社会、国家。美国学者努曼·丹尼尔斯(Norman Daniels)和简·英格莉希却提出了与儒家孝德完全相反的观点，他们认为子女的孝养义务是非自我赋予的，子女不应当承担孝养父母的道德责任。这种观点也是西方社会现实代际关系的真实反映，确实值得我们深刻反思。

总体说来，西方有关孝德的问题研究，大体具有如下三个方面的特点：

首先，西方有关孝德问题的研究具有较强的理论性。如关于孝德的理论解释，主要有两种理论：一种是角色理论(role theory)，是以人们所处的地位或身份去解释人的行为并揭示其规律，即以角色概念来研究人的社会行为的一种理论，包括角色认知、角色学习、角色期待、角色冲突等。1934年，美国社会学家米德(G. H. Mead)最早将角色概念引进社会心理学领域。在米德看来，儿童在游戏或竞技中担任各种角色的体验，可使儿童领悟到概括化了的社会，这有利于儿童自我概念的形成。这种自我概念也不是一成不变的，而是不断发展的。如在代际关系中，未成年的子女由于缺乏经济来源而形成了对父母的依赖性角色，但伴随着父母的老去，以及子女自己的经济独立和能力增强，反过来形成了父母对子女的依赖。另一种是社会交换理论(social exchange theory)，即主张从经济学投入与产出关系的视角研究社会行为的理论。该理论产生于20

世纪50年代末期，是由霍曼斯(George Casper Homans)创立，主要代表人物有布劳(Peter Michael Blau)、埃默森(Harrington Emerson)等。在他们看来，人际互动的推动力量是“自我利益”(self-interest)，趋利避害是人类行为的基本原则，人们在互动中倾向于扩大收益、缩小代价，或倾向于提高满意度、减少不满意度，故应尽量避免人们在利益冲突中的竞争，通过相互的社会交换获得双赢或多赢。特别是在确定了社会交换的概念以后，布劳将注意力集中于分析社会交换的基本过程，他以社会吸引、竞争、分化、整合和反抗等概念为核心，形成了分析社会交换过程的基本框架，认为社会交换的过程始于社会吸引(指与别人交往的倾向性)，一个人期望与别人的交往会带来报酬即他会受到能提供报酬的人的吸引。若双方都从交往中得到了期望的报酬，则会进一步加强双方的相互吸引，当不断的相互吸引使双方建立起稳定化的共同纽带时，便形成了某种社会群体。在交换中，那些拥有丰富资源或稀缺资源的人会在群体中获得较高的交换地位，可以自由地选择交换对象，否则只能处于较低的交换地位，没有或很少有自由选择其他交换对象的余地；当社会地位差距较大的双方进行社会交换时，处于弱势的一方会选择尊敬、服从等作为回报。基于这种社会交换理论，就易于解释中国传统孝德了，似乎亲子之间的代际关系也是一种利益交换。所谓“养儿防老，养老靠儿”“你养我的小，我养你的老”等。此外，李提出的有关个体孝德认知发展的五阶段模型理论，也颇具特色。

其次，所涉学科的多样性，是西方研究有关孝德问题的一个重要特点。以角色理论为例，它本是美国赫伯特·布鲁默(Herbert Blumer)符号互动论的一个分支，自米德提出角色概念以后，才受到了社会学、人类学、心理学等领域学者们的普遍关注，他们分别进行了深入研究并提出了自己的理论。如莫雷诺(Moreno)的角色扮演技术理论、林顿(Linton)和帕森斯(Parsons)的结构功能理论，以及纽科姆(Newcomb)和萨宾(Sarbin)的社会角色理论等。特别是塔纳(Turner)等根据米德的观点，即个人不仅是将社会价值加以内化的社会化通路，而且也是将个人对社会的作用加以外化的通路，据此提出个人不是被动地接受社会规定的角色，而是主动地去形成角色。同时，我们也应该看到，因角色理论只重视行为的社会表现而未说明该行为动机的运行机制，故具有鲜明的机械唯物论色彩。作为一种社会现象的孝德，也受到多学科的观照，如教育学、伦理学、社会学、心理学等。

最后，较多地运用实证研究，是西方研究有关孝德问题在研究方法上表现出的又一重要特点。西方开展科学研究习惯于采取实证的方法，对孝德问题的研究也是如此。

（三）研究意义

首先，研究具有重大的理论意义。主要表现为：一是可以系统地归纳中国传统孝文化理论。以传统儒家孝论为主体的孝文化源远流长，在长期的历史发展过程中，儒家孝论与佛家、道家孝论相互影响，融合发展。孔子继承和改造了西周以来的孝德思想和观念，第一次将有关的孝德思想和观念系统化、理论化；曾子集儒家孝德理论之大成，其孝德理论在深度和广度上都继承和发展了孔子的孝德思想；孟子以“性善论”为基础，进一步完善了儒家孝德理论。佛家、道家的相关孝德理论在自身发展的道路上，也与儒家的孝德理论协同发展。系统地归纳儒、佛、道家的有关孝德理论，可以使我们提高对孝德意义和作用的认识，同时自觉地指导孝德实践。二是可以总结长期孝德实践中的历史经验，再在此基础上进行理论概括，进一步提升和发展新的孝德理论。三是通过课题研究，可以丰富和发展思想政治教育的相关孝德理论内容，为马克思主义理论等学科发展奠定良好基础。

其次，研究具有现实意义。主要表现为：第一，从社会的角度看，孝德教育有利于化解当今社会养老的矛盾与压力，对于形成良好的社会风气、打造充满人文关怀的社会环境，促进整个社会的和谐与稳定具有重要的现实意义。据2020年第七次全国人口普查显示：全国总人口为1443497378人；在大陆31个省、自治区、直辖市和现役军人的人口中，60岁及以上人口为264018766人，占比18.7%，其中65岁及以上人口为190635280人，占比13.5%；与2010年第六次全国人口普查相比，60岁及以上人口的比重上升5.44个百分点，65岁及以上人口的比重上升4.63个百分点。① 这就标志着我国在2010年人口老龄化时代全面到来的基础上，人口老龄化趋势已经明显。因为按照联合国的标准，若一个地区60岁以上的人口占总人口的比例达到10%，或者65岁以上的

① 中华人民共和国国家统计局：第七次全国人口普查公报，https：//www.gov.cn/guoqing/2021-05/13/content_5606149.htm。

人口占总人口的比例达到7%，则可视为进入了老龄化社会。我国自20世纪70年代起实行“计划生育”政策，提倡“一对夫妇只生一个孩子”，到1982年，“计划生育”业已成为我国的一项基本国策。从此，三口之家就成了一个个核心家庭的常态，夫妻俩不仅要赡养父母、岳父母，还要抚育一个小孩，这就是所谓的“421”家庭结构。随着医疗条件的改善和人均预期寿命的提高，①年轻夫妇的生活压力加重，使得家庭养老功能弱化。同时，当今社会还有一些孝德失范的情况，虐待抛弃父母者有之，争夺父母财产者有之，这也为本研究提供了坚强的现实基础和迫切的实际需要。当然，化解如此多的老年人养老问题，仅靠孝德教育和家庭养老是远远不够的，必须实行覆盖全民的社会养老保险制度，并努力谋求与社会养老相互配合与协调。第二，从家庭的角度看，孝德教育有利于缓解代际矛盾与冲突，保持家庭亲子关系的平衡。社会是由一个个家庭组成的，只有一个个家庭和谐才能实现社会和谐。“代沟”(generation gap)一词由美国著名女性人类学家玛格丽特·米德(Margaret Mead)首次提出，是指子女个体在走向社会的过程中背弃父母，形成与自己父母不同的思想观念和行为习惯。现代孝德教育既能纠正当今亲代义务畸重的倾向，又可纠正子代对父代的过分顺从和妥协，缩短或填平代际鸿沟，最终实现父母与子女之间权利与义务的真正平衡，从根本上保障家庭的和睦团结。第三，从个人的角度看，孝德教育有利于提高个人的思想道德素质。个人是社会形成的细胞，只有提高个人的思想道德素质，才能从整体上提高全民的思想道德水平。孝为入德之门，德为成事之本。不教孝德，其他的品德便无从谈起。孝德作为个人道德修养的起点，是一个人优良品德产生的根源，也是一个人关爱他人的情感根基。加强孝德教育，可以促进个体道德水平的提升，帮助个人塑造完美的人格和形成良好的品质，有助于激发爱国主义情感、民族自豪感和社会责任感，增强民族凝聚力，最终摆脱个人主义、享乐主义和极端利己主义等错误思潮所带来的消极影响。

归纳起来，孝德研究具有如下意义：一是对传统孝德做一个系统的理论梳理，澄清部分是非，推动学科前沿发展；二是可以总结孝德教育经验，有助于解决人口老龄化、情感教育缺失等引起的孝德危机和孝德难题等；三是有助于

---

① 世界卫生组织统计报告显示：2019年全球人均寿命为73.3岁(男性70.3岁，女性75.3岁)。其中，中国的人均寿命为76.1岁(男性74.6岁，女性77.6岁)。

激发爱国主义、民族自豪感和社会责任感，增强民族凝聚力，促进社会稳定和谐；四是能够协调家庭关系，提升个人品德修养，回归孝德的本义和起点。

三、研究的思路与方法

这里涉及研究的基本思路（包括重点难点、主要内容、基本观点），以及研究的主要方法等问题。

（一）研究的思路

研究孝德的基本思路是始终贯穿辩证唯物主义和历史唯物主义的观点与方法，主要采取比较研究的方法，围绕何为孝、为何孝、如何孝等问题，针对中国传统孝德的本质和特点、发生发展、内容、功能、机制规律、现状与成因、教育内容与方法等，在历史与现实、理论和实践的复杂矛盾运动中展开研究。

研究内容是研究思路的具体化。孝德研究的主要内容和基本观点主要包括：一是关于孝德的概念、结构与特点，以及研究综述、内容和方法等。二是关于孝德的历史起源与发展。孝起源于父系氏族社会，形成于孔子，理论化、制度化于汉代，鼎盛于宋代，通俗化于元明清时期。三是关于孝德的理论内容、功能、发生机制和运行规律。如养是孝的基础（养体）、敬是孝的本质（养志）；孝的教化、凝聚、调控、保障、美学、服务等社会功能；对偶婚制是孝德观念形成的心理本能，基于血缘氏族的宗法制是社会基础，社会需要是外在动力，农耕经济是根本因素，脑力劳动者是理论推动力量等。四是关于孝德现状及其成因分析。通过问卷调查与访谈了解孝德及其教育现状，如父子关系不平等、孝德观念物质化、有心尽孝无力行孝、爱幼有余尊老不足等，具体归因为社会、学校、家庭和自身等方面的问题。五是关于孝德教育的内容，如感恩教育、亲情教育、生命教育、爱心教育等。六是关于孝德教育的途径与方法。如构建现代孝德教育新模式，实现观念更新，加强实践活动锻炼，扩大立法宣传依法养老，坚持个人自律等。七是结论，即传统孝德传播的经验总结与现代化发展趋势。

（二）研究方法

主要采取以下几个方法研究孝德：一是历史文献法。这是一种通过多种渠道对孝德文献资料进行合理搜集与应用，以获取孝德间接理论知识的方法。我们研究孝德，必须充分地运用现有的各种资源，包括平时积累的专业资料和自有藏书，学校、学院资料室所藏的专业期刊、杂志、书籍，以及丰富的网络资源，对孝德做出系统而全面的归纳总结。二是社会调查法。这是一种有目的、有计划、有系统地搜集有关孝德的社会现实或历史状况材料的方法。研究孝德及孝德教育现状时，我们以大学生为重点对象，在深入实地对部分大学生进行问卷调查的同时，还对个别对象开展了访谈调查，并借鉴了他人的部分调查数据，力求准确、全面地把握研究对象的孝德现状，最后运用 SPSS 软件进行统计分析。三是比较研究法。这是一种为了深刻把握孝德的特点和规律，在时空上采取纵向和横向两个维度进行综合比较的研究方法。如对有关孝德概念，以及孝德观念的形成与发展等研究，从传说的黄帝、尧舜时期，经过先秦时期与秦汉时期，一直到近代以来的演变，采用了纵向比较的研究方式；对孝德与其他道德等方面的孝德问题，采用的是横向比较的研究方式；最后进行全方位的综合比较，以揭示出孝德发生发展的特点与规律。

第一章

孝德的起源与历史发展

马克思指出:“人们按照自己的物质生产率建立相应的社会关系,正是这些人又按照自己的社会关系创造了相应的原理、观念和范畴。所以,这些观念、范畴也同它们所表现的关系一样,不是永恒的。它们是历史的、暂时的产物。生产力的增长、社会关系的破坏、观念的形成都是不断运动的。”①作为一种观念,孝德的产生和发展也是这样。但是,具体来说,孝德是如何起源的?孝德观念起源时的表现形式是什么?孝德起源以后又经历了哪些阶段才得以最终确立?之后又经历了一个怎样的发展过程?这些都是我们本章所要探讨的问题。

一、孝德的起源与确立

“孝”字原义为“奉先思孝”,起源于中国古代的甲骨文,距今已有4000多年的历史。在中国古代,有关孝德的观念很早就产生了,比“孝”字的出现还要早,可算是源远流长。关于孝德观念的产生与起源问题,目前学术界也基本达成了一个共识,即孝德观念是起源于原始父系氏族社会的。那么,孝德观念是如何起源的?孝德起源时的表现形式是什么?孝德起源后是否在商代和周代平稳成熟地发展呢?

---

① 《马克思恩格斯选集》第1卷,人民出版社2012年版,第222页。

(一)起源于父系氏族社会

孝德观念作为一种社会意识形态，并不是人猿相揖别以来就已经存在的，而是人类社会文明发展到一定历史阶段的产物。在人类社会早期的很长一段时间，甚至还存在所谓的“欺老”“食人”的社会现象。正如恩格斯所说：“靠猎物来维持生活，是极其靠不住的。由于食物来源经常没有保证，在这个阶段上大概发生了食人之风，这种风气，此后保持颇久。”①考古资料充分证明历史上也出现过“食人之风”。中国古代孝道观念是随着父系氏族社会的形成而逐步发展起来的，父系氏族社会为孝观念的产生提供了肥沃的土壤。那么，孝德观念为什么会产生于父系氏族社会呢？在父系氏族社会的孝德又是如何表现的呢？

首先，农业文明为孝德的产生奠定了物质基础。大约距今5000年，中国黄河流域、长江流域的大多数氏族、部落先后从母系氏族进入父系氏族社会时代，男子成为农业生产的主要劳动力。围绕财产继承权的归属，人们又提出“谁是自己真正的子女”等问题。与商业社会不同，农业社会更需要较为稳定的社会环境，只有稳定的环境才能为农业健康发展提供良好的外部条件。有关史料显示，由于生活缺乏稳定的保障，世界上许多民族在历史上都曾有过杀食老人包括父母的现象，以狩猎、捕鱼为生的游牧民族更是如此。相对于狩猎、捕鱼为生的游牧民族而言，农业文明是很占优势的，它为人们提供了持续不断的食物来源和稳定的、安全的生活环境，也为人们养老、尊老奠定了必要的社会物质基础，伴随着农业文明的发展就形成了养老、尊老的社会道德传统。经济基础决定上层建筑，稳定的农业环境决定了传统农业文化的产生。传统的农业文化特别强调对老人的尊崇，因为当时大部分的农业生产经验都掌握在老人手中。因此，在农业社会里，老人既是道德的楷模，更是智慧的化身，晚辈敬重和爱戴具有丰富经验的老人，年轻人服从、侍奉老人，是很自然的事情。② 这种尊老敬老的良好道德风气之所以能薪火相传，主要在于农业生产为孝德观念的永久保持和持续发展提供了重要的经济基础和物质条件。在这种前提下，这种关于孝德的观念和行为才能发展成为管理整个家族，甚至是整个国家的重要准则，形成所谓“以孝治家”和“以孝治国”的传统。

---

① 《马克思恩格斯选集》第4卷，人民出版社2012年版，第30页。

② 朱岚：《中国传统孝道七讲》，中国社会出版社2007年版，第15页。

其次，私有制为孝德观念的产生提供了制度保障。父系氏族公社的一大特征就是私有制的逐渐产生和形成。“一切部门——畜牧业、农业、家庭手工业——中生产的增加，使人的劳动力能够生产出超过维持劳动力所必需的产品”①，这样，在充分的生产条件下，人们掌握在自己手中的财富及可供自己支配的物品越来越多，从而在富足的物品生产中产生了私有制，人们更愿意自己去支配属于自己的财富。当然，私有制的产生并不能直接促进孝德观念的发展，而是私有制的产生使人类的婚姻状态由夫从妻居的对偶婚方式发展成为妻从夫居的专偶制。恩格斯指出：“专偶制的产生是由于大量财富集中于一人之手，也就是男子之手，而且这种财富必须传给这一男子的子女，而不是传给其他人的子女。为此，就需要妻子方面的专偶制，而不是丈夫方面的专偶制。”②显然，恩格斯所说的专偶制，实际上就是为了保护自己的财产，是在为自己的财产寻求最合法的继承人。然而，这种名为保护自己的财产实为保护自己纯正的血统的做法，为家庭中孝德观念的产生和发展提供了必要条件。子辈们为了争取更多的财产继承权，需要善待自己的父母，无论是在精神上，还是在物质上，都不能让父母失望。也就是说，财产继承的巨大诱惑在很大程度上促进了孝德观念的产生。

最后，孝德观念是社会道德规范的约束力量。父系氏族社会是有自己存在的理由和价值的，也需一定的章法来保障其正常运行。从中国古代的文献中就可以看出来，孝德观念已经成为当时社会道德规范的约束。据《尚书·舜典》记载，“帝曰：契！百姓不亲，五品不逊，汝作司徒，敬敷五教，在宽。”这是尧舜之时一国之君对臣民的要求，以此达到以孝化民的目的。其实，这里的“五教”在《左传·文公十八年》中就有说明，所谓“举八元，使布五教于四方：父义、母慈、兄友、弟共(恭)、子孝”。除此之外，尧舜时还推行了养老之礼。据《礼记·王制》写道：“有虞氏养国老于上庠，养庶老于下庠。夏后氏养国老于东序，养庶老于西序……有虞氏皇而祭，深衣而养老；夏后氏收而祭，燕衣而养老。”可见，尧舜时代已经将孝德作为一种道德规范来对社会实现教化和规范。总之，随着以男子为中心的个体家庭的出现和私有制的产生，父系制家庭以及父子关系开始明确，孝德观念应运而生。正如学者所分析的那样：“具体

① 《马克思恩格斯选集》第4卷，人民出版社2012年版，第177页。

② 《马克思恩格斯选集》第4卷，人民出版社2012年版，第86页。

就中国而言，伦理道德观念在‘唐虞三代’时期就应该在全社会存在。”①其中，“唐虞三代”是指唐尧、虞舜、夏朝、商朝和周朝。

（二）逐渐形成于商代

孝德观念在原始社会起源以后，在商朝开始逐渐形成。那么，孝德观念在商朝又有哪些具体表现形式和内容呢？

其一，祭祀礼仪制度加速了孝德观念的形成。在殷商时代，祭祀已经成了当时头等重要的大事，这种祭祀礼仪强化了人们对祖先的尊崇，也在很大程度上促进了现实社会生活中人们对孝德的践行，即子女对父母和老人的尊重与爱护。正是这种祭祀礼仪制度，演变成为孝德的重要表现形式和表现内容，使得孝德观念也逐渐走向孝的行为和制度，这就大大地加速了孝观念的形成。虽然现在看来，祭祀这种被动的、消极的活动稍显落后愚昧，但是在那个历史时代，祭祀活动所产生的对祖先的崇拜和敬重已经是孝德的最初形式了。至于将孝德真正当作一种伦理规范，不仅祭祀死去的祖先，而且孝敬在世的父母，则是西周及西周以后的事情了。

其二，孝行成为重要的社会伦理规范。虽然孝行在殷商时代既没有表现得过于冗杂繁复，统治者也没有刻意去宣扬孝行的社会教化作用，但是我们在为数不多的历史文献典籍中，不难发现孝行已经成了社会的伦理规范，并被君主当作一种规范用来教化百姓。据《尚书·无逸篇》记载：“其在高宗，时旧劳于外，爰暨小人。作其即位，乃或亮阴，三年不言，其惟不言，言乃雍。”其中，“高宗”即武丁，“亮阴”即去世，大意是说殷王小乙去世，儿子武丁为父亲殷王小乙守孝三年，并远离作为权力象征的王位。作为一代君王的孝行竟然能达到如此的高度，以至于成了社会的伦理典范，普通百姓也就会学习模仿君王的言行，并坚定地践行孝敬父母的观念。

（三）正式确立于西周

孝德作为一个伦理观念的正式确立是在西周时期。孝德观念起源于父系氏族社会，在商朝逐渐形成，到西周时期日益强化、发展和成熟，孝德观念已经

---

① 曾振宇、齐金江：《中华伦理范畴——孝》，中国社会科学出版社 2006 年版，第 11 页。

成为西周道德规范体系中最为核心的内容，孝德的内涵也得到了丰富和发展。尊祖敬宗是孝德最早表达出来的社会意义，这是孝德的重要内容之一，也是孝德的最原始含义。周人尽孝的方式主要是祭祀，即在宗庙通过奉献供品来祭祀祖先；尽孝的对象也都是已经死去的人，其中多少都带有一定的宗教性质和色彩。传宗接代实际上是孝德的社会意义的另一种表达方式。在周人看来，祖先是吾辈的生命之所生，崇拜祖先就是通过传宗接代的方式，将祖先的生命、血脉和香火延续下去，使其代代相传，生生不息。西周时期的孝德表现出如下几个方面的特点：

首先是"明德"观念盛行。"德"在西周出现的频率非常之高，主要是因为周人对商朝的灭亡进行了深刻反思，认为商朝灭亡最大的原因是在于"失德"。譬如，周公首次提出"敬德"思想，以及"天不可信""天命靡常"等命题。《诗经》中出现的"德"字更多，甚至直接颂扬了孝德，所谓"父兮生我，母兮鞠我，拊我蓄我，长我育我，顾我复我，出入腹我。欲报之德，昊天罔极"。虽然甲骨文中开始出现"德"字，但数量较少，而在金文中"德"字则十分常见，如"政德""懿德""纯德""先王之德"等，表明金文中也有"敬德"的思想表达。周人更是将"秉明德""秉德恭纯""克哲厥德""敬顺天德""天子明德"等，视为对君主贵族德行的赞美。其实，"敬德"或"明德"主要包含三层意思：一是以德治民，惠民保民；二是明德慎罚，用刑恰当；三是在全社会宣扬与弘扬以"孝"为核心的伦理道德观念，"制礼作乐"，以"礼"治国。①

其次是敬养家人友人。周人尊崇敬养父母，祭祀祖先，继承先祖遗愿，孝于宗室、婚媾、夫君，孝友合一。特别是周人视友为属概念，视孝是种概念，将自家父母祖先、亲家的亲属和朋友等都当作自己孝顺的对象，将孝顺的范围从自己的父母向外拓展到亲属及朋友，孝顺的对象在周礼的影响下开始泛化。坦白地讲，孝顺自己的父母、祖先及婚媾，算是正常情况下所理解的孝道，但是孝的对象拓展到朋友，就让人难以理解了。那么，周人又是怎么解释这种泛孝现象的呢？《尔雅・释诂》有云："友，亲也。"友本来是指兄弟之间的一种道德观念，在原初意义上的适用范围仅限于同族兄弟之间，所谓"善父母为孝，善兄弟为友。"②实际上，周人后将友的内涵由亲缘关系演变为对同族所承担的责任

① 曾振宇、齐金江：《中华伦理范畴——孝》，中国社会科学出版社2006年版，第15页。

② 《尔雅・释诂》。

和义务，使孝道的适用对象不仅只是在家族之内，血缘关系以外的朋友也蕴含其中，而且还依法严惩不孝行为。《尚书·康诰》中将“不孝不友”视为大罪，以此保障百姓践行孝德。所谓“父母之仇，不与同生；兄弟之仇，不与聚国；朋友之仇，不与聚乡；族人之仇，不与聚邻”①。可见，随着友的内涵日益丰富，外延也不断地扩充。

再次，勤于朝廷政事。将“孝”的观念由“事亲”拓展为“事君”，是周人对孝道观的一种升华和发展，对孝道内涵的深刻理解与解读。下级服从上级，臣民效忠君长，勤勤恳恳地在自己的岗位上、身份地位上工作，在周朝也被视为是一种孝的表现。周人还将孝从家庭伦理拓展到社会伦理，甚至是政治伦理，文献资料中也有很多关于这一点的记载，足以旁证这一观点。譬如，《尚书·酒诰》本是周公对康叔的告诫之词，“奔走事厥考厥长”与“用孝养厥父母”性质相同。其中，“考”其实就是“孝”，“长”就是指君王或上级，“奔走事厥考厥长”即臣下尽心尽力、恪守其职、竭诚服务，这也是周人的孝行之一。

最后，礼乐中的孝德。礼与孝的关系密不可分，礼贯穿于孝德始终。如《礼记·昏义》所论述的那样：“夫礼始于冠，本于昏，重于丧祭，尊于朝聘，和于射乡，此礼之大体也。”《左传·文公二年》也说：“孝，礼之始也。”可见，礼是孝的表现形式和重要内容。周朝是一个“以礼治国”的朝代，上至君王，下至平民百姓，都生活在一个处处皆礼、时时有礼的国度，周礼的种类和类别很多，可谓“经礼三百，曲礼三千”。在周朝，任何人的一举手一投足皆有“礼”的规定，天子祭祖有祭礼，诸侯朝见天子有觐礼，外交上有聘礼和飨礼，军事演习有大蒐礼，农村有乡饮酒礼和乡射礼，所谓“礼以纪政，国之常也”②。孝还通过礼乐来表现，一项养老之礼也很好地展现了周礼礼乐中的孝德观念。譬如，《诗经·周颂·丝衣》中就保留了一篇周天子每年举行养老之礼时在宴席上所唱的乐歌，大意为：穿的服装鲜艳洁净，圆圆的帽子漂亮美丽，牛角酒杯又弯又长，美酒飘香回味悠长。西周的这种养老之礼，实际上是尧舜禹时代养老之礼的继承与发展。“礼多人不怪”，礼多了，自然而然在人民百姓中就形成了和谐美好的社会风尚。

总之，养老敬老作为一种美德，始于初民时期，经过尧舜禹时期到周代得到继承与发展，成为一种文化。

---

① 《大戴礼记·曾子制言》。

② 《国语·晋语四》。

二、先秦时期的孝德思想

儒家学说也称儒教或儒学，由孔子创立，后来成为中国传统文化的主流，影响深远。它是中国影响最大的思想流派，也是中国古代社会的主流意识形态。儒家学派对中国、东亚乃至全世界都产生过深远的影响。孔子创立的儒家思想是中国传统文化的主导思想，他创立的儒家孝德也是传统孝德的核心和主体。继孔子之后，儒家孝德在曾子、孟子、荀子等那里得到了进一步的丰富和发展，成为更为全面和系统的理论体系，先秦墨家和法家的孝德思想也为后世的孝德思想的发展奠定了理论基础。下面，我们分别从孔子、曾子、孟子、荀子、墨子和韩非子等的孝德思想来了解先秦时期的孝德思想。

（一）孔子的孝德思想

孔子（公元前551年—公元前479年）名丘，字仲尼，是中华传统文化的集大成者，儒家学说的创始人，被后世尊为“至圣”。他生活在春秋末期，受西周礼乐文化的影响十分深刻，非常赞赏西周的思想和制度，也很向往西周的文化礼乐。在孔子看来，西周灭亡的主要原因在于周礼的崩坏，因此，他一生致力于挽救西周传统的思想和制度，企图为西周“复礼”，其孝德思想实际上是对西周孝德观的继承与发展。孔子的孝德思想主要表现为：

第一，孝为仁之本。孔子的核心思想为“仁”，儒家思想就是以“仁”为核心的实践道德思想。那么，“仁”到底是什么呢？孔子在《论语》中提到这个词的时候，并没有做过明确细致的解释，但是从他的诸多话语中，我们可以理解到“仁”就是仁爱、爱人，是人与人之间一种相亲相爱的情感，是以爱人为核心的各种道德规范的总和。孔子是这样来表达孝与仁的关系的：其一，“孝”是仁爱思想的起点。在《论语》中，孔子将孝德提到了前所未有的高度，认为要做到孝，就必须有爱心，不是只管父母的吃饱穿暖，还要用真切的爱心让父母得到精神上的安慰。这是对孝的一种哲学化提升。《孝经》说：“爱敬尽于事亲，而德教加于百姓。”①意思是一个孝顺父母的皇帝，对百姓也能施以仁政。所谓

① 《孝经·天子》。

“夫孝，德之本也，教之所由生也”。其二，仁的核心在于孝敬父母。在孔子看来，仁不是一视同仁地爱所有的人，不是兼爱、博爱，而是分血缘关系的亲疏远近，以“亲亲为大”，认为对父母的爱才是最重要的，孝敬父母才是第一位的。如《论语·学而》所说：“其为人也孝弟，而好犯上者，鲜矣；不好犯上而好作乱者，未之有也。君子务本，本立而道生。孝弟也者，其为仁之本与！”其三，孝是仁的根本实现途径。孔子倡导仁爱，而仁爱的起点就是孝敬父母，仁爱作为一种较高的道德境界，它除了倡导孝敬父母，还要像在西周时那样以仁爱之心孝敬一切孝的对象，即除了具有血缘亲情的父母之外，还包括没有血缘关系的婚媾、朋友，对他们也要保持仁爱之心，而这样的仁爱其实就是一种孝德的体现，因为仁爱作为一种抽象的道德观念，是很难具体化的，而通过孝德就能很具体地表现出来。例如，以仁爱之心对待君主，就是忠；以仁爱之心对待朋友，就是信；将仁爱之心体现在治国理政上，就是关爱老百姓、实行仁政和善政。

第二，孝为政之基。孔子的为政思想集中表现于《论语》和《孝经》中，最早将行孝与为政联系在一起的就是孔子。《论语·颜渊》说：“齐景公问政于孔子，孔子对曰：‘君君、臣臣、父父、子子。’”《论语·为政》又记载：“或谓孔子曰：‘子奚不为政？’”孔子就认为，践行孝德其实就是为政，所谓“孝即为政之基”。以此为基础，围绕孝与悌、忠的关系具体展开论述。首先是孝与悌的结合。“孝”的原初之义即孝顺敬爱自己家族血缘关系内的家人，而“悌”的原初之义是对自己的亲兄弟要相互敬爱。孔子在《论语·学而》中早就指出：“弟子入则孝，出则悌，谨而信，泛爱众，而亲仁”，“其为人也孝弟，而好犯上者，鲜矣”。《论语·子路》中也提道：“宗族称孝焉，乡党称弟焉。”孔子在《论语》里面讲了这么多，其实就是想告诉大家，在家里是讲究孝顺，出门在外要多与社会上的“兄弟姐妹”融洽相处，“弟”通“悌”，“悌”实则是一种人际关系的准则。这对人在政治场上的为人处世十分有帮助，与跟自己在一起为政的人团结友善、互帮互助，也不失为一种为政之道。其次是孝与忠的结合。《论语》多次将孝与忠联系在一起。“季康子问：‘使民敬，忠以劝，如之何？’子曰：‘临之以庄，则敬；孝慈，则忠；举善而教不能，则劝。’”①忠与孝的关系是我们经常探讨的一大课题，总的来说，二者都是评判一个人品德好坏的重要标准。西周时期就已提倡除了在家里孝顺父母，还要忠于自己的君王，这样才能成为一个完

① 《论语·为政》。

全的人。孝的基本内涵是“善事父母”，属于家庭伦理的范畴。在孔子看来，孝父是忠君的前提，在家孝父，就可以推导出在外忠君。君君臣臣、父父子子，这些都是包含在孝德适用范围之内的，忠是孝的外化和升华。其实，唐代一方面强调孝，另一方面也重视父母对子女的慈与爱；宋代开始则格外强调子女之孝、顺，而不重父母之慈与爱，父慈子孝的双向内容日益趋于“父可以不慈，子不能不孝”的单向要求。而忠作为一种政治伦理规范和为人处世原则，更多体现的是一种政治伦理层面上对国家、君主的态度和行为，是一种下对上、民对国、私对公，尤其是臣对君的行事准则。

第三，敬养父母的严肃性。孔子特别强调子女对父母的敬养，不仅在物质上、精神上、个人修为上、对人的态度上，而且在对父母的态度上都要达到一定的标准才能算得上是真孝。正如《孝经》所言：“孝子之事亲也，居则致其敬，养则致其乐，病则致其忧，丧则致其哀，祭则致其严。五者备矣，然后能事亲。”又说：“事亲者，居上不骄，为下不乱，在丑不争。居上而骄则亡，为下而乱则刑，在丑而争则兵。三者不除，虽日用三牲之养，犹为不孝也。”从以上的史料，我们可对孔子敬养父母的严肃性态度做出如下解读：其一，物质上的奉养。对父母物质上的奉养并不是需要用牛、羊、猪等大鱼大肉、高品质的东西，而只需要让父母心安，不在外作乱，就算是吃粗茶淡饭，父母也认为这是对他们的孝顺。其二，精神上的慰藉。子女平时在家要尽力做到对父母尊敬，侍奉要尽力使父母快乐，父母病了要担忧操心，不要让父母为你担心，而且不论是平民百姓还是位高权重者，一定要戒除骄傲、作乱、争斗三个恶习。这是在精神上对父母最大的安慰，只有让父母在精神上舒坦和快乐了，才算得上是孝子。其三，去世后的祭祀。孔子认为要“丧则致其哀，祭则致其严”，即父母去世了要哭泣尽哀，祭祀要庄严肃穆，不仅要注重父母生前的奉养，而且要注重父母死后的祭祀。也就是说，孝顺可分为“生孝”和“死孝”，只有将二者紧密结合，才算孝德圆满，只有对待父母的态度生前生后完全一致，才称得上是真正地侍奉好了父母，否则，这种侍奉就是残缺不全的。事实上，对待任何一件事情都要善始善终，而不能只是有头无尾或虎头蛇尾，侍奉父母更是如此，需要我们为人子女的从内心深处孝顺父母，让他们心安。这种从生孝到死孝的完整无缺的侍奉，不仅仅是对自己父母的孝顺，更是对所有“天下父母”的一种尊重与孝顺。这正是“死孝”的真正价值和意义所在。

第四，孝行的辩证理性。在孔子看来，谈论孝顺完全是出于理性，并不是为了盲目地讨好自己的父母或完全听从于父母之言，如果父母有错就要对他们进行及时劝谏，这才是真孝。这种高度理性化的孝行可归纳如下：其一，劝止父母的不当言行。曾子曾问孔子："若夫慈爱、恭敬、安亲、扬名，则闻命矣。敢问子从父之令，可谓孝乎？"①意思就是说，曾子想问孔子这样一个情况：做儿子的完全遵从父亲命令，就可以算得上是尽孝吗？孔子的回答当然是否定的，他从天子、诸侯、卿大夫和士人等不同角度说明了不讲真话的危害性，认为父亲有了敢于直言规劝的儿子，就不会陷于不义。正如孔子所说："故当不义，则子不可以不争于父，臣不可以不争于君。故当不义则争之。从父之令，又焉得为孝乎？"孔子的答案很明确——假如一味听从父亲的命令，是不能称得上孝的。其二，守丧需要有度。孔子虽然强调父母死后需要悲痛，父母病了需要担忧，但是这都是在一定范围内行的生后之孝。孔子说："丧不过三年，示民有终也……生事爱敬，死事哀戚，生民之本尽矣，死生之义备矣，孝子之事亲终矣。"②孔子的意思是父母去世了，孝子不要长时间地过度悲伤，在一定的时间内处理好父母的后事，同时要爱惜自己的身体，这就回归到孔子的"身体发肤，受之父母，不敢毁伤"的要求上来了。珍惜、爱护自己的身体就是对父母的孝顺，办完丧事及时回归到正常的生活轨道，这也是对父母尽孝的终结。

(二)曾子的孝德思想

曾子(公元前 505 年—公元前 435 年)，名参，字子舆，春秋末期鲁国人。他积极推行儒家主张，传播儒家思想，上承孔子之道，下启思孟学派，以孝著称。齐国欲聘其为卿，他因在家孝敬父母，辞而不就。他曾提出"慎终"(慎重地办理父母的丧事)、"追远"(虔诚地追念祖先)、"民德归厚"(注重人民的道德修养)的主张，认为提高修养的方法在于孝德实践与内心的反省，要在实践中不断地参悟，不断地开阔心灵的领域。这便是曾子突出强调的"吾日三省吾身"，讲求用内心的反省来检验自己的举止是否合乎道德的原则。曾子的孝德思想主要包括：

第一，奉"孝"为绝对真理。孔子在仁的理解上，可谓是将仁推到了除人之外"万物俱用"的程度。但是作为孔子的弟子，曾子的思想更为开阔，他将"孝"

---

① 《孝经・谏诤》。

② 《孝经・丧亲》。

的含义应用到了除人类之外的花鸟虫鱼等动物界、自然界，这是一种包容性很大的胸怀。曾子在《曾子大孝》中提到了对孝的理解："夫孝，置之而塞乎天地，溥之而横乎四海，施诸后世而无朝夕。推而放诸东海而准，推而放诸西海而准，推而放诸南海而准，推而放诸北海而准……"根据这段话，可以看出曾子认为孝不仅仅适用于个人的道德和社会的伦理，它还是一则放之四海而皆准的普遍原理。

第二，细化"敬身"的原则。孔子认为"身体发肤，受之父母，不敢毁伤，孝之始也"，爱护自己的身体也是孝顺父母的一种表现，但是孔子所说的爱护自己的身体只是停留在自己的身体层面，并没有提到精神层面。曾子在其后总结出了"敬身"的原则，即需要不侮辱身体，这里的侮辱是上升到了灵魂的层面。如曾子曰："身也者，父母之遗体也，行父母之遗体，敢不敬乎？"又曰："天之所生，地之所养，无人为大，父母全而生之，子全而归之，可谓孝矣。不亏其体，不辱其身，可谓全矣。"①

第三，将孝德内容层次化。曾子是一位善于总结的学生，他对孔子的思想更多是一种创造性的理解或者是系统化的归纳总结。曾子曰："孝有三，大孝尊亲，其次弗辱，其下能养。"②尊亲、弗辱和能养这三个层次是儒家思想内容中最经典的概括总结。曾子认为，普天下的百姓都可以做到第一个层面，而弗辱和能养是大家应该做到并且能做到的，他将这种孝德规范进一步推广。这也体现了曾子的亲民的人格魅力，将孝德内容进行简化、分层，对孝德思想在百姓中的传播和普及起了很大的推动作用，而不是只停留在统治者和达官贵族手中。

（三）孟子的孝德思想

孟子（公元前 372 年—公元前 289 年），名轲，战国时期鲁国人。他继承并发扬了孔子的孝德思想，成为仅次于孔子的"亚圣"，与孔子合称为"孔孟"。作为儒家学派巨擘，孟子坚持儒家敬天法祖的基本立场，强调敬奉祖先，进而强调传后的重要性。孟子在继承孔子的孝道思想的基础上，也进一步提出了自己的思想。他对孝道的继承发展主要表现在以下几个方面：

---

① 《礼记·祭仪》。

② 《礼记·祭仪》。

第一，发展了性善论。孟子继承孔子的仁的思想，发展了性善论，认为人性是天赋的，孝的善德也是生而具备的，强调“人人皆可为尧舜”。孟子对于性善论的最有力的论证，是通过人的心理活动来证明的。在孟子看来，人的善性是可以通过每一个人都具有的普遍心理活动来验证的。既然这种心理活动是普遍的，那么人性善就是有根据的，是出于人的本性、天性或本能的，孟子称之为“良知”“良能”。所谓“恻隐之心，人皆有之；羞恶之心，人皆有之；恭敬之心，人皆有之；是非之心，人皆有之。恻隐之心，仁也；羞恶之心，义也；恭敬之心，礼也；是非之心，智也。仁义礼智非由外铄我也，我固有之也”。[①] 可见，孟子的性善论比孔子的人性理论更加精细化和系统化。

第二，孝悌为五伦核心。孟子在《孟子·滕文公上》中提出了所谓的“五伦”，即“父子有亲，君臣有义，夫妇有别，长幼有序，朋友有信”。在这五伦中，孟子认为父子、君臣两伦最重要，又进一步提出了“仁之实，事亲是也；义之实，从兄是也”(《孟子·离娄上》)，孝悌成了五伦的中心，而且孝悌是德性的最高表现。所谓“人人亲其亲，长其长，而天下平”(《孟子·离娄上》)；“入则孝，出则悌，守先王之道”(《孟子·滕文公下》)。因此，孟子最为推崇的圣人是尧舜，“尧舜之道，孝悌而已矣”[②]。同时，“孝悌”也成为孟子推行孝治的一种方案。他曾经向梁惠王反复宣扬孝治，提出“申之以孝悌之义”，[③]其实是将孝道观念运用于为政，这是孟子对孔子孝德思想的进一步发展。总之，孟子将孝悌作为伦理道德的中心，是对孔子孝悌合一的思想的直接继承与发展。

第三，孟子还像孔子一样提出了对孝顺的严格标准，归纳了人的五种不孝之行，即“惰其四支”“博弈好饮酒”“好货财，私妻子”“从耳目之欲”“好勇斗很”。(《孟子·离娄下》)这些标准尽管不如孔子所提出的标准那么系统，但却是对孔子孝德思想的一种补充与完善。

(四)荀子的孝德思想

先秦儒家的孝德思想十分丰富，诸如将孔子、曾子和孟子等的孝德思想综

① 《孟子·告子上》。
② 《孟子·告子下》。
③ 《孟子·梁惠王上》。

合在一起，就构成了先秦儒家较为系统而完整的孝德思想体系，这对后世的孝德理论和孝德实践都具有十分重要的借鉴意义。事实上，除了孔子、曾子和孟子的孝德思想之外，荀子的孝德思想也是该思想体系的一个组成部分。

荀子(约公元前313年—公元前238年)，名况，字卿，战国末期赵国人。尽管荀子学说的实践目标是“富国安民”，但是他却同样重视孝德观念，认为“兴孝悌”是达到安民、安政的措施之一。荀子孝德的特点之一就是将“孝悌”纳入“礼”的范围之内，一切服从于“礼”的规定。荀子十分重视按“礼”来行孝，认为“礼者，谨于治生死者也”①，而生是人的开始，死是人的终结，生死是同样重要的事情，只有“终始俱善”，才算是“人道”得到全面实现。“故君子敬始而慎终，终始如一，是君子之道，礼义之文也……丧礼者，以生者饰死者也，大象其生以送其死也，故事死如事生，事亡如存，终始一也。”②即丧礼就是用活着那样来妆饰死者，大致就像活着时那样来送往死者，对生和死都要按照礼的规定一样地对待。相反，若只重视生，而不重视死，则是对亲人的“背叛”。在荀子看来，“礼也者，贵者敬焉，老者孝焉，长者弟焉，幼者慈焉，贱者惠焉”③。荀子也强调子女对父母的孝，不只是要做到“养”，更要做到“敬”。所谓“意者身不敬与？辞不逊与？色不顺与？……今夙兴夜寐，耕耘树艺，手足胼胝，以养其亲，无此三者，则何为而无孝之名也？”④意思是说，如果对父母的行为不恭敬，言语不和逊，面色不柔顺，即使早起晚睡，耕耘栽种，十分辛苦劳累地奉养父母，也是不会成为孝子的。荀子并不以其孝德思想而闻名于世，他坚持性恶论的人性论假说，其思想以“隆礼”为核心，因此，他仅将孝德视为表现家庭伦理的一般道德。

荀子还提出“愚孝即为不孝”“君重于父”等观点，这些孝德观点从某种程度和意义上说是对孔子孝德思想的发展，对后世也产生了深远影响。在荀子看来，臣子遇见君父做了不应当做的事情就必须立即谏诤，如果不管父亲的命令是否合理而一味地听从，那就陷亲人于不义了，他又怎么还能算是个孝子呢？

① 《荀子·礼论》。
② 《荀子·礼论》。
③ 《荀子·大略》。
④ 《荀子·子道》。

所谓“入孝出弟，人之小行也。上顺下笃，人之中行也；从道不从君，从义不从父，人之大行也”①。

（五）墨子的孝德思想

墨家是先秦主要学派之一，创始人墨翟，世称墨子。《汉书·艺文志·诸子略》中说：“墨家者流，盖出于清庙之守。茅屋采椽，是以贵俭；养三老五更，是以兼爱；选士大射，是以尚贤；宗祀严父，是以右鬼；顺四时而行，是以非命；以孝视天下，是以上同。”其中的“清庙之守”，意为管理庙中事务，如宴席郊祀或其他祭祀礼仪等。墨家的理想人格是崇侠尚武、侠肝义胆的“任侠”。所谓“墨子之门多勇士”②；“墨子服役者百八十人，皆可使赴火蹈刃，死不旋踵”③。据《淮南子·要略》记载：“墨子学儒者之业，受孔子之术。”可见，墨家源于儒家，并对儒家学说进行了批判性改造，在战国时期成为与儒家相抗衡的“显学”。所谓“世之显学，儒墨也”④。而经过汉代董仲舒的“罢黜百家、独尊儒术”，墨学又逐渐由显学变为绝学。

墨家的孝德思想，集中表现为以下两点：一是兼爱大众。墨子孝德思想的一个重要特点是“兼爱”，即对社会上的所有人都要仁爱，表现出对君惠臣忠、父慈子孝、兄友弟恭理想社会的向往和追求。所谓“为人君必惠，为人臣必忠，为人子必孝，为人兄必友，为人弟必悌”⑤；“君臣不惠忠，父子不慈孝，兄弟不和调，此则天下之害也”⑥；“诸侯相爱，则不野战；家主相爱，则不相篡；人与人相爱，则不相贼；君臣相爱，则惠忠；父子相爱，则孝慈；兄弟相爱，则和调；天下之人皆相爱，强不执弱，众不劫寡，富不侮贫”⑦。可见，墨子的“兼爱”不仅只是爱人，而且还是“先人后己”，我只有“先从事乎爱利人之亲”，才能“报我以爱利吾亲也”⑧。这种“先人后己”的爱人顺序，将“孝”的思想升华到了一

---

① 《荀子·子道》。
② 《新语·思务》。
③ 《淮南子·泰族训》。
④ 《韩非·显学》。
⑤ 《墨子·兼爱下》。
⑥ 《墨子·兼爱中》。
⑦ 《墨子·兼爱中》。
⑧ 《墨子·兼爱中》。

种至高的境界。二是节用丧事。厚葬是儒家对去世亲人尽孝的一种表现，孔子甚至还提出“三年之丧”的丧葬之礼，但墨子认为，过度厚葬势必造成社会资源的浪费和个人健康的损害，会使社会生产力的正常发展受阻和人际关系变得更加不和谐。所谓“非仁非义，非孝子之事也”①；“以厚葬久丧者为政，国家必贫，人民必寡，刑政必乱”②。而且，厚葬还会使“为人弟者，求其兄而不得，不弟弟必将怨其兄矣；为人子者，求其亲而不得，不孝子必是怨其亲矣；为人臣者，求其君而不得，不忠臣必且乱其上矣”③。关于“死孝”，墨子和孔子显然有着截然不同的看法，因为墨子是从整个社会大环境的角度去思考厚葬久丧的利与弊的，而孔子则是从个人的仁义道德角度来考察厚葬久丧的善与恶，但以现代社会为视角，墨子的节葬似乎能更好地适应社会发展的快节奏和新潮流。

墨家的孝德思想与儒家最大的区别就是对办理丧事的态度截然不同。一方面，墨家主张节用丧事。墨家主张办理丧事时要心系国民大众，认为厚办丧事对民对国都不利，所谓“以厚葬久丧者为政，国家必贫，人民必寡，刑政必乱”④。事实上，在战争频发的时期，最主要的是休养生息，以保证和满足人民最基本的生存生活需要，过重过多的繁文缛节会造成财产浪费。可见，墨家的这一主张是适应当时时代需要的。另一方面，儒家主张要隆重操办丧事。儒家是一个非常讲究礼义仁爱的学派，主张用礼仪制度来教化百姓，特别是在“百善孝为先”的思想指导下，十分讲究孝德礼仪，丧事必须办得异常隆重，以示对“孝之礼仪”的尊重。孔子认为厚葬是对去世亲人的一种尽孝，甚至还提出“三年之丧”的丧葬之礼，以此促进社会教化。

在孝德的联系方面，墨家与儒家都主张“仁爱”。墨家最主要的思想是“兼爱、非攻”，而儒家主要的思想是“仁爱”，二者在基本思想方面具有一致性。“为人君必惠，为人臣必忠，为人子必孝，为人兄必友，为人弟必悌”，⑤这是墨家“兼爱”的基本观点。在行孝的过程中，无论是为人、为臣，还是为子、为兄、为弟，都要做到孝顺的爱，这就是所谓的“兼爱”。墨子认为这里的“兼爱”不仅

① 《墨子·节葬下》。
② 《墨子·节葬下》。
③ 《墨子·节葬下》。
④ 《墨子·节葬下》。
⑤ 《墨子·兼爱下》。

只是爱人，而且还进一步指出爱人要“先人后己”，只有我“先从事乎爱利人之亲”，人才能“报我以爱利吾亲也”①。而儒家则强调“孝为仁之本”，“孝为德之首”。孔子有云：“教民亲爱，莫善于孝；教民礼顺，莫善于悌；移风易俗，莫善于乐；安上治民，莫善于礼。”②墨家和儒家在爱的对象上都是比较广泛的，而且对每个对象都有不同的具体的孝的要求，这也是他们的共同点。

（六）韩非子的孝德思想

春秋末期，各分封诸侯的势力渐盛，并使建立在氏族血缘基础上的贵族宗法制度开始瓦解，维护宗法社会等级秩序的礼乐制度也逐渐失去了其统摄和影响力量。周王朝虽然是名义上的天下君王，但分封诸侯各自为政，都想争夺霸主地位，于是富国强兵就成了春秋战国学术的主旋律。法家是先秦诸子中颇具影响力的一个学派，若儒、墨在春秋战国时期是思想学术的“显学”，法家则属当时的“新学”。现代学者描述中国传统政治的特点，主要有几种说法，如儒表法里、儒法互补、儒道互补等，可见法家对历代王朝所产生的巨大影响。法家的代表人物主要有管仲、李悝、商鞅、申不害、韩非等人，流传至今的重要文献有《管子》《商君书》《韩非子》等。

韩非子是法家的孝德思想的集大成者，其对孝德思想的演绎和补充发展影响到了后世历代统治者。其具体表现为以下两点：一是以忠作孝。韩非子十分注重君主的权力，尊奉君主的无上地位，强调君对臣、父对子的绝对权力，并将事君与事父完全混同，使事君与养亲成为人生价值实现的全部内容。所谓“臣以为人生必事君养亲……孝子之事父也，非竞取父之家也；忠臣之事君也，非竞取君之国也。夫为人子而常誉他人之亲曰：‘某子之亲，夜寝早起，强力生财以养子孙臣妾。’是诽谤其亲者也。为人臣常誉先王之德厚而愿之，是诽谤其君者也。非其亲者知谓不孝，而非其君者天下此贤之，此所以乱也。”③在韩非子看来，若臣子经常称颂先王德厚并表示倾慕就是在诽谤自己的君主，儿子非议父亲就是不孝，而臣子非议君主却得到天下人的称赞，则是天下混乱的根源。在这里，韩非子认为人生在世一定要忠君侍亲，而且忠君与侍亲二者没有

---

① 《墨子·兼爱中》。

② 《孝经·广要道》。

③ 《韩非子·忠孝》。

多大差异，所谓“忠臣不违其君，孝子不非其亲”。事实上，忠君与侍亲二者是不等的，侍亲是与生俱来必须履行的天然亲子义务，而忠君则是一种更高的政治道德要求。二是否定孝慈伦理。在韩非子看来，父子关系只是一种纯粹的利害关系，他否认亲情的存在，否定孝德对世道人心的感化作用，只相信严刑峻法对国家治理的促进作用。虽然这种做法在战乱时期能迅速富国强兵、夺取天下与统一全国，但在和平年代，还是需要依靠文化力量去充实与滋养人心，以便对整个社会起到精神整合作用的。其实，韩非子的观点是与商鞅有渊源的，如他们都特别强调严刑峻法的威慑力量。商鞅和韩非子的这种观点改变了由血缘亲疏决定政治上尊卑等级的老办法，主张“不别亲疏”，一断于法，而且随着社会的发展，血缘关系对人的约束力就会更退后一步。

法家和儒家论述孝德，最大的区别在于法家否定儒家的孝慈观。商鞅、韩非子是持这种观点的代表人物。韩非子的非孝慈观直接来源于商鞅，商鞅不相信甚至不承认礼教，否认礼乐文化对教化百姓的重大作用。所谓“治主无忠臣，慈父无孝子”①。意思是说，父母的爱并不能教育孩子，只有社会上严峻的刑法才能使百姓行孝。这与儒家主张“仁爱”“仁、义、礼、智、信”的道德规范有着很大反差，因为儒家提倡“爱亲者，不敢恶于人。敬亲者，不敢慢于人”②，而且无论环境如何，都要做到不骄、不乱、不争，即所谓“居上不骄，为下不乱，在丑不争”③。儒家一直尽力在用自己的仁义孝德观来整饬社会，用最柔软的工具教化社会，这点是与法家有着巨大差别的。

法家所强调的是一种严酷战争性思维的礼仪制度，这与以“仁爱”为主导的儒家几乎是背道而驰的，那么，二者论述孝德联系何在呢？二者的联系最突出的表现，就是儒家和法家都将“忠君”作为孝的延伸部分。儒家在《孝经》中，首次将孝亲与忠君联系起来，认为“忠”是“孝”的发展和扩大，认为传统士阶层的“孝”是“忠顺不失，以事其上，然后能保其禄位，而守其祭祀”④。而法家则更加强调“忠君”的重要性，其代表人物韩非子十分注重君主的权力，尊奉君主的无上地位，认为君对臣、父对子拥有绝对的权力，并将事君与事父完全混同起

① 《商君书·境内》。
② 《孝经·天子》。
③ 《孝经·纪孝行》。
④ 《孝经·士》。

来，使事君与养亲成为人生价值实现的全部内容。所谓“臣以为人生必事君养亲……孝子之事父也，非竞取父之家也；忠臣之事君也，非竞取君之国也”①。二者虽然在“忠君”的具体实现方式上有所不同，但二者都将“忠”作为孝的一部分，以此充实和提升孝的内涵，这点是毋庸置疑的。

三、汉代时期的孝德理论

汉代是中华民族孝文化鼎盛的重要阶段。汉王朝将孝文化上升到了政治层面，成为一种官方政策。汉朝历代统治者都将孝作为治理国家的基本国策，大力推行“以孝治天下”的方针，建立了以孝为核心的统治秩序，让孝文化深入社会生活的方方面面。汉代时期的孝文化主要有以下三个基本特征：一是孝德理论的权威性与神秘性，二是孝德理论的系统性与实用性，三是孝德理论的片面性与绝对性。

（一）孝德理论的权威性与神秘性

自董仲舒提出“君为臣纲，父为子纲，夫为妻纲”，就确定了君臣、父子、夫妻之间的绝对的等级关系，使得孝不再是人与人之间的道德规范，而是一种社会等级差别的法律秩序。汉代的孝奉《孝经》为经典，其主旨是凡事亲孝就能做到事君忠，从修身齐家到治国平天下，这就是汉代孝德的重要内容即“移孝作忠”。

一方面，汉代时期的孝德理论具有无上的权威性。汉以孝治天下，孝文化逐渐成为一种官方语言，孝的精神高度深入政治统治之中。提倡孝德，褒奖孝悌，是维护汉代封建统治的主要措施之一。汉代与孝德相关的政策主要有：举孝廉，设孝悌、三老等官职；奖励孝子，免除孝子的徭役赋税；实施养老敬老政策；用法律保护父母的权利；等等。

其一，汉代察举孝廉制度的实施，是孝德理论官方的权威表达。汉武帝采纳董仲舒的建议，“初令郡国举孝廉各一人”。（《汉书 · 武帝纪》）不久，武帝下诏，“兴廉举孝，庶几成风，绍休圣绪”，“有司奏议曰：‘不举孝，不奉诏，当

① 《韩非子 · 忠孝》。

以不敬论；不察廉，不胜任也，当免。'"(《汉书·武帝纪》)从此，以孝为本就成为选拔官吏的重要标准，成为孝德理论在汉朝官方权威化的一个重要标志。孝不仅是建立各级统治结构的根基和前提，而且是皇权维系其统治的枢纽和关键，特别是农村基层统治。汉代统治者特别重视奖励孝德模范，设立"孝悌"这一官职，以维系封建君主在农村的统治，这样，上下代之间的血缘关系(孝)和同辈人之间的血缘关系(悌)共同构成了遍及汉代广大农村的家庭血缘关系。"孝悌"成为掌握封建社会农民伦理道德行为和农村社会风尚的乡官，汉代农村孝德的很多方面，如教育、奖励、劝解等，都由他们全权管理。同时，汉代还设有"力田"(管理监督农村物质生产活动的乡官)、"三老"(封建村社组织的领导人)等，极大地稳固了汉代封建统治的社会基础。

其二，以法律制度保障孝德的实施，则是孝德理论官方权威化的另一重要体现。汉代孝德理论特别强调家庭的和谐一体。在个体家庭中，父母是子女行孝的对象，父母可以批评和责备子女，甚至处死子女，但是子女不能对父母有任何不恭；如果子女冒犯了父母或其他长辈，那么他在社会上将是不能被容忍的。不孝之人在汉代法律上也是要受到重罚的，大多数情况下要判处"斩首"或"弃市"。如《二年律令·贼律》规定："子贼杀伤父母，奴婢贼杀伤主、主父母妻子，皆枭其首市。"在汉代的法律中，父母的过错在原则上是可以被掩盖的，因为掩盖父母的过错能够得到法律的保护。即使是身为西汉衡山王太子的刘爽，也因告其父不孝而被弃市，可见汉代在法律上对孝德给予了高度的维护。总之，汉代对孝德理论官方权威化的政策支持，不仅用高官诱导，用实利和爵位作为奖励，而且还用上了法律的强制手段。

另一方面，汉代时期的孝德理论还具有神秘性。汉代孝德理论的神秘性主要体现在对孝德的论证上。董仲舒为了让"三纲"更为绝对化和纲常化，不再像先秦儒家那样从人的角度去论证孝德，而是从"天人感应"的神学角度进行解释和渲染。如董仲舒用阴阳五行学说来解释孝德的"天之经，地之义"思想，用阴阳学说来解释"三纲"。在他看来，"君为阳，臣为阴；父为阳，子为阴；夫为阳，妻为阴。阴阳无所独行。其始也不得专起，其终也不得分功，有所兼之义"。① 董仲舒还将父子相承的血缘关系加入了阴阳学说的神秘构架，认为阳为主、阴为辅，阴只能是辅助和依附的关系，这是永恒不变的天意。所谓"王道

① 《春秋繁露·基义》。

之三纲，可求于天”。(《春秋繁露·基义》)董仲舒对“三纲”进行了“天”的包装，论证了孝德理论的神秘性和封建等级制度的合理性，同时突出了天子的神圣地位，使得孝德有了神圣性和政治功能，从而有效地拔高和神化了君主，维护了封建君主的专制统治。

特别是到了西汉中后期，政局长期动荡不安，谶纬迷信得到了迅猛发展。谶纬迷信将孝德进一步神秘化和固定化，其实质是为了掩盖孝德的等级尊卑观念，以维护封建等级制度和君主中央集权制。谶纬迷信的昌盛，推动了宗教迷信与传统经学的结合和融通。如在东汉章帝时期，就编定了所谓的《白虎观奏议》，即后来的《白虎通义》。可见，谶纬迷信在汉代已取得相当高的法定政治地位。东汉时期还涌现出许多孝感动天地、妖魔鬼神的神话故事，也是孝德神秘性的另一种表现。

(二)孝德理论的政治性与实用性

汉代孝德理论的又一显著特征就是使先秦以来的孝德理论更加系统化，将其付诸实践并日常生活化，表现出很强的实用性。汉以孝治天下，实施了许多措施，如最高统治者的以身作则，观念上的倡导，政策上的支持奖惩和社会教化、学校教育等。具体表现在以下三个方面：

首先是孝德理论的宣传和教育。汉代在孝德理论宣传方面的内容和手段是非常丰富多样的。宫廷歌词中是这样讲到孝德的：“大孝备矣，休德昭清。高张四县，乐充宫廷”“清明鬯矣，皇帝孝德。竟全大功，抚安四极”“孝奏天仪，若日月光”。(《汉书·礼乐志》)民间的彩绘美术也宣扬孝德，如在孝堂山武氏祠汉画像石中，宣传孝德的画像就有十六幅，占全部作品中的大多数。又如在和林格尔汉墓的壁画中，体现孝德文化的壁画也很多，包括舜父子、闵子骞父子、野王丁兰、甘泉休屠胡、“七女为父报仇”等。在孝德教育方面，更是确立了《孝经》的经学地位。如汉武帝设五经博士，后来增《论语》为六经，最后增《孝经》为七经，这就标志着维系家族血缘关系的孝德思想，已经成为封建统治思想的重要组成部分。在孝德的社会教化问题上，上至天子，中至循吏，下至“孝悌”“三老”，都在对黎民百姓进行孝德教育。《孝经》是统治者的必读书，也是培养太子的基本教材。历代汉代统治者都非常重视《孝经》的作用，以孝德思想来培养接班人。尤其是汉代的循吏，他们有着双重角色，既是治理地方的官吏，也是教导百姓的老师，这样运用吏政功能推行教化，使儒家孝德观念渗透到民间的风俗信仰和人们的日常生活之中，真正达到了移风易俗、化民成俗的目的。在汉代，孝德思想还是学校授课的主要内容。不仅公立学校以《孝经》为通用教材，而且民间私学也讲授《孝经》。如在东汉明帝时期，习武之人也得学习《孝经》，所谓“自期门、羽林之士，悉令通《孝经》章句”①。汉代通过进行孝德的宣传和教育，使孝德观念深入人心。

其次是察举孝廉的选官制度和嘉奖孝行的激励手段。通过授予官职来提倡孝德，是汉代统治者推行以孝治国的重要方式之一。汉代以察举制选拔官吏，将孝顺父母作为选拔官吏的一个重要标准。这一举荐制度开始于汉文帝，确立于汉武帝。自汉武帝以后，汉代历代君主都积极主动地大力推行，孝廉任官，对稳固汉朝的统治秩序具有长效作用。为了鼓励人们践行孝德，汉代统治者对孝行实施了褒奖的激励措施，激励手段主要有赏赐、减除或免除徭役赋税、宣传表扬孝子等。根据《汉书》和《后汉书》记载，在西汉惠帝至东汉顺帝期间，全国性的孝德奖赐达 32 次，地方性的嘉奖则数不胜数。汉代皇帝会经常微服出巡各地，时不时会传出嘉奖孝悌的佳话。所谓“赐郡国所选有行义者涿郡韩福等五人帛，人五十匹，遣归。诏曰：‘朕闵劳以官职之事，其务修孝弟以教乡里。’”(《汉书·昭帝纪》)皇帝一般都会高度重视特别有名的孝子，将其作为宣扬孝德的工具，都会将其精心培养。江革就是一个例子。江革孝敬老母，乡里称其为“江巨孝”，朝廷曾多次奖励其孝行，“常以八月长吏存问，致羊酒，以终厥身，如有不幸，祠以中牢”②。这些孝子去世后，汉政府还会为他们建碑立传，通过厚待孝行以传播孝德，社会影响特别深远。

最后是养老敬老的社会保障和维护孝道的法律规范。汉代养老敬老的社会保障，是统治者以孝治天下的另一重要形式，因为社会养老也是家庭养老的一种延伸。西汉时，贾山有云：“尊养三老，视孝也。”③又有《后汉书·光武帝纪》诏曰：“其命郡国有谷者，给禀高年、鳏、寡、孤、独及笃癃、无家属贫不能自存者，如《律》。”意思是命令各郡有粮食特别是富裕的人，帮助那些年迈无依和家境贫寒有病的人。汉朝还颁行法令来保障养老尊老，以法律维护孝德。如 70 岁的老人(一般为贵族)可获得王杖及爵位，80 岁以上的老人会被赐予钱财

① 《后汉书·儒林列传》。
② 《后汉书·江革传》。
③ 《汉书·贾山传》。

衣布等。汉代朝廷会给退休老臣一定的政治和生活待遇。至于汉代遵循《孝经》严厉惩治“不孝”的立法原则，这些法律规定在前文已有所阐述，在此不再赘述。

总之，汉代最高统治者建立了比较系统的政治体系来推行孝文化，并且有一系列的实用策略，以达到以孝治天下的政治目标。其中，有许多政策被后世效仿。

（三）孝德理论的片面性与绝对性

汉代孝德理论的权威性与政治性特征形成的前提在于“三纲”的提出，以及运用神学来论证“三纲”的合理性。这一前提，同时也决定了孝德理论的片面性和绝对性。汉代的孝德理论只强调了主阴的子女一方对父母的义务，而作为主阳的父母则有着对子女的绝对权利和优势。汉代普遍推广和执行这种孝德理论，使得孝德理论的片面性与绝对性越加明显。汉代的孝德理论的片面性与绝对性主要体现在父对子的权利、子对父的义务两个方面，在父对子的权利上父有着绝对的支配权，先秦时期的父慈子孝的平等关系不复存在，代之的是子对父的绝对服从，这是子女辈的绝对义务，是不容置疑的。

父对子绝对的支配权利主要表现在以下四个方面：一是家庭财产的支配权。汉代的封建家庭仍属中国古代传统的大家长式的模式，家长是家产的所有者，能够完全支配和处置这些财产，进一步体现了父权的强化，同时也加强了家庭的凝聚力，在一定程度上有利于家庭的和睦和发展。二是子女婚姻的支配权。中国古代传统的婚姻不是男女双方的事情，而是两个家长或家族之间的事，基本上完全由父母包揽包办的，正所谓“父母之命，媒妁之言”。三是子女行为的支配权和人身的支配权。汉代子女必须以父母的人生观为人生观，以父母的是非观为是非观，子女对父母的孝已达到一种“愚孝”的状态，必须对父母逆来顺受，不得有半点怠慢或忤逆。父母可以买卖子女的人身权以获得一些财物，能任意支配子女的生命健康权，甚至在某些情况下可以处死子女。四是父子在法律上的地位绝对不平等。汉代法律规定，父母既可根据家法对子女进行惩罚，也可向官府告发不孝的子女，通过官府来惩罚子女，但是子女却不能告发父母，否则就被治不孝罪。

而子女对父母片面的、绝对的孝德义务则主要表现为：其一，牺牲身体健康或者生命去行孝。据史书记载，廉范“年十五，辞母西迎父丧……载船触石破没，范抱持棺柩，遂俱沉溺。众伤其义，钩求得之，疗救仅免于死”①。这是一个叫廉范的孝子，父母在其十五岁时死去，为了保护父母的棺材他差点溺水身亡，而这正是孝子对去世的父母应尽的孝行。其二，牺牲妻子儿女尽孝。东汉郭巨为省一点粮食给母亲吃，竟然残忍地将自己的儿子活埋。

汉代孝德理论对当时的社会影响是非常深远的。孝德理论片面地要求子女对父母行孝，甚至发展到愚孝的地步，让很多百姓深受其害，也让很多孝子孝女付出了包括生命在内的巨大代价，造成了不少人间悲剧。汉代的察举选官制度也受到了一定的影响。如有些人为了谋得某种官职，经常做出一些沽名钓誉、弄虚作假的“伪孝”行为。当时民间流传一首民谣：“举秀才，不知书；察孝廉，父别居；寒素清白浊如泥，高第良将怯如鸡。”②显然，“察孝廉，父别居”这样的人并不是真正的孝子，更别说是道德高尚的人了，而让这些人进入官场的后果将不堪设想。董仲舒包括“父为子纲”在内的“三纲”思想，不仅对汉代的父子关系影响很大，而且对汉代以后的朝代，甚至汉代之后的整个封建社会的父子关系也有深远的影响。这种不平等的父子关系到了宋明时期，经过理学家们的加工制作，就有了所谓的“君要臣死，臣不敢不死；父要子亡，子不敢不亡”。

汉代的孝德理论对整个中华民族的影响是深刻的。汉代建立了以孝治国的封建社会的伦理秩序，为汉代以后的封建社会秩序提供了基本的伦理运行模式，使得孝德不仅仅是家庭中的一种行为，更是走向社会，融进了社会的方方面面，特别深入王朝各个统治机构，对封建社会起到了重要的维护作用。汉代之后，汉代所推行的“以孝治天下”的精神被继承和延续，对汉代之后的各个朝代的政治生活、经济生活和文化生活产生了广泛而重大的影响。

四、汉代以后的孝德理论

汉代官方的、神学化的、有实践意义的一套系统统治秩序的核心在于孝。汉代的孝德理论可谓是之后各个朝代学习的典范，并对后世产生了巨大影响，

---

① 《后汉书·廉范传》。

② 《抱朴子·审举》。

后世对其进行加工深化，一方面使孝德理论有所发展，更加通俗化与民间化，另一方面也使孝德理论更加片面化与绝对化、极端化与愚昧化，最后加速了封建社会的土崩瓦解。

(一)魏晋南北朝时期的孝德理论

魏晋南北朝时期是中国古代史上一段动荡不安的时期，除了少数的统一稳定之外，其他阶段基本上呈一种分崩离析、祸乱不定的状态。这一时期，经济上主要是封建大地主阶级占有的经济制度；政治上主要是政权不断更替，门阀士族把持朝政；民族关系上由于各民族之间联系加强和大迁徙运动，多次出现民族大融合；思想文化上人们思想活跃，儒学被削弱，道教、玄学、佛教得到了较大的发展。尽管如此，魏晋南北朝时期的统治者仍然延续汉代“以孝治天下”的基本国策，重视孝德教育，主要表现在：大力推广《孝经》，结合自家的传统制定了家训，如《颜氏家训·勉学》等；仍以孝为选官的重要标准，实行九品中正制的选官制度，通过“恩荫”使门阀大族选出孝子来继承家族的高官厚禄；奖励孝行之人，宣扬尊老爱老，对于身犯罪行的人，若家有需要奉养的父母，则可在请示后奉亲缓刑，“犯死罪，若父母、祖父母年老，更无成人子孙，又无期亲者，仰案后列奏以待报，著之令格”①；用法律严惩“不孝”之人，曹魏时就有“正杀继母与亲母同”②。这一时期的孝德理论主要表现在以下四个方面：孝亲优先于忠君，生孝高于死孝，自然亲爱回归最初的孝，孝与佛教、道教相结合。

首先是孝亲优先于忠君。在魏晋时期，围绕“忠孝是否能够两全”这一论题开展了激烈的辩论，结果是在忠孝出现两难境地时世人的天平会不自觉地倒向父母这边，因为父比君重要，孝亲优先于忠君，这是符合天生万物的“一本”原则的。这也在一定程度上体现了魏晋时期传统儒家孝德思想的松动和新孝德思想的兴起。

其次是生孝高于死孝。所谓生孝，就是父母在世时尽了自己孝的本分，不因为父母离世而哀哭伤害到活着的人；所谓死孝，则是极尽哀死之情，可能会伤害到活着的人。生孝与死孝之辩是由阮籍的居丧方式所引起的。据《晋书》记载，阮籍是至孝之人，当遭母丧时正与友人下棋，友人要求停止下棋，他坚

① 《魏书·刑法志》。

② 《晋书·刑法志》。

决不同意，下完棋后却饮酒大哭，悲痛得吐血，但等到其母下葬时吃肉喝酒，直到其母下土时又大哭，吐血数升。像阮籍这样的违背丧礼，却又悲痛吐血，算不算孝呢？因魏晋南北朝时期的政局动荡，战乱频繁，加之当时玄学流行，佛教和道教得到了一定发展，儒释道趋于融合，故当局者主张生孝高于死孝，不管是王侯将相还是平民百姓，都主张薄葬。用生孝衬托死孝，将生孝看得高于死孝，将孝心和孝行分开比较，讽刺了当时的一些假孝行，并体现了人们对道德问题思考的深度和方向，孝德发展出现了一定新意。

再次是自然亲爱回归最初的孝。外表的“孝”未必是真孝，外表的“不孝”未必是真不孝，思想家们从名教与自然的关系出发阐述了孝的自然本性，将孝回归到最初的含义——自然亲爱。如王弼在《老子注》中解释“自然亲爱为孝，推爱及物为仁”，他认为推行仁爱的根本在于孝，孝的根本在于自然亲爱，①自然亲爱就是发自内心地爱父母。

最后是孝与佛教、道教相结合。这一时期，玄学、佛教、道教的流行使得儒学与佛教、道教相互融合，孝也与佛教、道教结合，佛教因果报应、道教羽化升仙与儒家的天人感应合流，并赋予了孝以新的内容，以鼓励世人积极践行孝德。如“二十四孝”中的王祥卧冰、孟宗哭笋等故事都是出现于魏晋时期，这些都是讲述人们为亲做事，感动花木禽兽，使亲人死而复生等感天地、泣鬼神的孝行。总之，孝与佛教、道教相结合，促进了行孝的自觉性。

（二）隋唐时期的孝德理论

隋唐时期的孝德理论可以说是继承前朝的结果，也是以孝治国的文化形态。只要是家天下的状态，君臣父子、尊卑等级秩序就不会改变，这也说明隋唐时期仍然是“以孝治天下”的政治模式，这是毋庸置疑的。隋唐时期的孝德理论，主要围绕孝德教育和政府政策两个方面具体展开。

隋唐时期的孝德教育是当时教育的重要内容。唐代在隋朝统治者教育改革的基础上，在整个王朝实行尊儒敬圣的教育政策。唐代的教育制度是相对比较完善的，分为中央官学和地方官学两个级别，主要课程都是由儒家经典构成，包括必修课、选修课和专业课。其中，《孝经》和《论语》是必修科目，《孝经》则是孝德理论的重要精华和内容。唐代统治者对《孝经》的提倡和推崇，正是体现

① 肖群忠：《孝与中国文化》，人民出版社 2001 年版，第 87 页。

了其对孝德理论的重视和倡导。特别是唐代的官学对孝德的重视，是孝德理论发展的重要助推力。唐代的私学是孝德理论发展的另一主要助推力，尤其是在唐代中期以后。私学的孝德教育形式主要包括私家讲授、隐居山林讲学、私塾教育、寺院讲学、家庭教育等，①其主要教育者是儒家学者。唐代的统治者还倡导以德治国，要求世人所学的《孝经》《论语》等孝德经典，都包含着大量的孝德资料与德行标准。

隋唐时期的选官制度是科举制。孝德仍然是隋唐时期选拔官员的重要标准，在科举制中最为盛行的内容是明经科，《论语》和《孝经》是必考科目，这是参加考试者必须掌握的。正如唐太宗所说："天下一家，凡在朝士，皆功效显著，或忠孝可称，或学艺通博，所以擢用。"②唐朝不仅通过皇帝下诏书选拔人才，而且还通过科举考试将"孝治"的原则变为具体的选官制度。一方面，唐王朝选出的官吏必须是行孝的表率，官吏如果不能以身作则去很好地行孝，轻则被社会舆论责难和监察部弹劾，重则要受法律的制裁；另一方面，官吏还有劝孝的重要职责，所谓"有不孝悌，悖礼乱常，不率法令者，纠而绳之"③。可见，唐朝官吏在督导百姓践行孝德、对民众进行孝德教化等方面是具有重要职责的。隋唐时期对孝行的嘉奖也基本上延续了前人的做法，并将其发展为中央和地方两种嘉奖模式，主要奖励方式有旌表、减免课役、封官赏赐、记入史书、建祠树碑等。唐代还有一系列的养老尊老制度，如榜样示范(一般为天子或高官)、赏赐封号、赏赐财物、减免赋役等。

隋唐时期，历代皇帝都非常重视孝德理论，即使有些统治者没有真正做到孝，但面对社会的舆论压力和政治的需要，也会尽心尽力打造"仁义孝德"的形象，这也恰恰说明了统治者对孝德的重视。

(三)宋元明清的孝德理论

宋元明清时期是我国封建王朝由盛转衰的时期。这一时期，中央集权的君主专制制度得到进一步加强，在思想文化上兴起了"三纲五常"等，进而形成了宋明理学，以便为封建统治者提供意识形态服务。在封建统治者看来，要想自

---

① 季庆阳：《孝文化的传承与创新：基于大唐盛世的考察》，西安电子科技大学出版社 2015 年版，第 59 页。

② 《旧唐书·高士廉传》。

③ 《旧唐书·职官志》。

己的臣民忠于自己就得大力提倡孝德，因为忠孝在本质上具有一致性。除了由少数民族入主内地的元朝不太重视孝德外，宋明清朝都十分重视孝德理论的推广。如宋朝就大力宣导“冠冕百行莫大于孝”①，“上以孝取人，则勇者割股，怯者庐墓”②等。宋朝政府更是大力嘉奖孝行，加上理学的发展，使孝德理论发展到了登峰造极的地步，出现了大量的孝子孝行。不过，当时的孝德不再是一种值得称赞的美德，而是作为一种枷锁桎梏着世人的思想和精神。元朝统治者对孝德的态度与宋朝统治者完全不同，这与古代蒙古族对孝德的不同认识有关。自蒙古族入主中原后，一方面，明令禁止为了行孝而自残或者伤害他人的行为，这在一定程度上遏制了愚孝行为的泛滥，解放了人们的思想；另一方面，由于朝廷对孝德不重视，又使得不孝行为经常发生。明朝建立后，吸取元朝失败的教训，除了制定了一系列严刑峻法以外，朱元璋非常注重发挥中国传统孝德观念对人们思想和行为的社会引导作用，力主兴孝，采取的主要举措包括以身作则与率先垂范、观念倡导与教育、政策支持与奖励等。清朝统治者同样是少数民族入主中原，作为异族，不好直接要求汉族百姓对其效忠，所以大力提倡孝道，坚持以孝治国的策略，移孝作忠，通过孝使百姓为其尽忠。如康熙帝有云：“推之有本，操之有要”③，其中的“本”和“要”就是孝治。清代的法律也规定，对于行孝的人要进行嘉奖和旌表；对于不孝的人甚至伤害父母的人则要严惩。清朝为了加强孝治，在科举内容上还加入了孝廉方正科。这些都清晰地表明，清代君主也是十分重视孝德的。

从形式上看，这一时期的宋明理学进一步推动了孝德理论的通俗化与大众化。宋明理学是儒家发展的又一阶段，主要研究“理”和“心”，并将封建伦理道德上升到唯心主义哲学的阶段。朱熹是理学的集大成者，作为一位客观唯心主义论者，他认为世界宇宙的本原是“理”，而“理”是一种先验的、超自然的绝对精神，世界万物都是由它产生的，伦理纲常是“千万年磨灭不得的真理”④。所谓“孝弟者，天之所以命我而不能不然之事也”⑤。孝道作为一种“理”，就成了

① 《宋史·孝义传》。

② 《宋史·选举志》。

③ 《清圣祖圣训》卷一。

④ 《朱子语类》卷二四。

⑤ 《朱子四书或问·论语或问》卷一。

不能不做的绝对义务。王守仁的思想则围绕"心"展开，作为一位主观唯心主义论者，他继承了陆九渊的思想，认为"心即是天""心即理也"，所以他认为"有孝亲之心，即有孝道之理；无孝亲之心，即无孝亲之理矣。由忠君之心，即有忠君之理；无忠君之心，即无忠君之理矣"①。总之，在朱熹、王阳明看来，孝德即天理，孝德即人心，是绝对的、不可改变的。与朱、王同时期的思想家和士大夫们，也写了许多通俗易懂的诗词、家规家训、乡规民约等，促进孝德的教化。如《孝悌歌十二章》《家礼》《吕氏乡约》《二十四孝》等，语言文字通俗易懂，在民间广为流传。

从内容上看，宋元明清时期的孝德义务比汉代更加极端、愚昧和专制。理学家们提出的所谓"君叫臣死，臣不敢不死；父叫子亡，子不得不亡"这一孝德义务集中表现出了极端、愚昧和专制特征。宋代以后出现的家规家训的主要内容都是要求子孙对父母长辈言听计从、百依百顺。如明末温璜在《温氏母训》中有言："凡子弟每事一禀命于所尊，便是孝弟。"此时的孝德内容已然变成子女对父母盲目听从，不辨是非，只是听命就好。受这种极端的、强迫的孝德观念影响，民间出现了许多愚昧的、过激的"孝行"，即所谓的"愚孝"或"伪孝"。

（四）近代中国的孝德理论

民族独立和民族自强成为近代中国的主题。一大批先进的中国人睁眼看世界，并开启了一系列的变革、改革、革命运动，只为中国摆脱压迫统治，实现民族独立。封建孝德在封建社会末期表现出来的极端愚昧性和专制性，越来越为人们所诟病。

从鸦片战争到太平天国运动期间，几乎没有出现改变孝德的声音。如太平天国爆发之后，洪秀全提出了"天下皆兄弟"口号，虽然具有一定的进步性，但在太平天国颁行的《幼学诗》中仍然充满着封建孝悌观念的理论法则。戊戌变法时期，维新派对封建孝德进行大胆的怀疑和批判，代表性的人物是康有为、梁启超和谭嗣同等。如康有为的《大同书》就是一部向封建家族观念挑战的宣言书；谭嗣同在《仁学》一书中表达了他对"三纲五常"的批判，其中也包含对孝德的批判，他甚至还提出了"父子，朋友也"的平等观念。辛亥革命时期，革命者们不仅从理论上反对封建家庭和孝德观念，而且还在行动上勇敢地走上了革

① 《王文成公全书·传习录》卷二。

命的道路。这一时期出现大量声讨封建家族的文章，如《毁家论》《无政府说》《家庭革命说》等。但是，孙中山对孝德是持肯定和赞美态度的。如他在《三民主义·民族主义》中指出：讲到孝字，我们中国尤为特长，尤其比各国进步得多，《孝经》所讲究的孝字，几乎无所不包……国民在民国之内，要能够把忠孝二字讲到极点，国家便自然可以强盛。

五四时期批判封建孝德的主要代表人物有陈独秀、胡适、吴虞、鲁迅等。譬如陈独秀认为儒家的道德，是宗法社会的道德，不适合现代人的生活，三纲之说，让臣、子、妻失去了独立的人格，致使一部分人产生奴性的观念，要想打破这种现象，必须摧毁以孝德为核心的封建纲常礼教，用西方的“个人本位主义”代替中国传统的“家族本位主义”①，他甚至还提出了“万恶孝为首”的口号；胡适在《我的儿子》一诗中写道，“我要你做一个堂堂的人，不要你做我的孝顺儿子”，提出了现代亲子关系的新理念；吴虞在两篇专论《家庭制度为专制主义之根据论》和《说孝》中，将孝与家庭制度、专制主义联系起来，分析了孝的片面性、虚伪性，并认为“从前讲孝的说法，应该改正”②；鲁迅在《新青年》上发表的《狂人日记》，更是借狂人之口，深刻地揭露了封建礼教“吃人”的本质，多次强烈呼吁“救救孩子”“各自解放了自己的孩子”“完全解放了我们的孩子”等。总之，新文化运动的代表人物们发起了对封建孝德的深刻批判，认为孝是封建专制的根基，孝剥夺和压抑了年轻一代的个性自由和解放，进一步揭露了孝的保守性与危害性，并对建立现代的、新型的亲子关系提出了建设性的建议，如父子平等、解放子辈等，这在很大程度上对人们的思想起到了启蒙和解放的作用。

① 陈独秀：《东西民族根本思想之差异》，《新青年》第1卷4号。

② 吴虞：《说孝》，转引自《中国现代思想史资料简编》第1卷，浙江人民出版社1982年版，第371页。

第二章

孝德的内容、功能与机制

孝和《孝经》，在中国可谓是家喻户晓，老少皆知。但是，究竟《孝经》是怎样形成的？它有哪些主要孝德思想？孝德的实质内容主要表现在哪些方面？孝德具有哪些社会功能？孝德的发生机制是什么？我们试着从横向角度探讨与回答这些重要的孝德问题。

一、《孝经》的形成与思想

《孝经》是一部关于孝德的专著，它吸收了其他学派的相关孝论，将儒家孝德思想上升为系统而全面的孝德理论。《孝经》成书后即得到广泛传播，上至帝王将相，下至平民百姓，口耳相传，歌之咏之，特别是后来被历代封建统治者奉为维护社会秩序的圭臬，并对后世产生了深远影响。要对孝德理论做系统而全面的了解，首推《孝经》。通过学习和研究《孝经》，我们可以大致推定出其作者和成书时间，基本了解《孝经》的孝德思想及其当代价值。

（一）《孝经》的作者与成书

作为中国传统孝德文化的经典著作，《孝经》一经成书就对中国社会产生了深远影响。自《孝经》成书以来，人们对《孝经》的研究兴趣从未消失过。关于《孝经》作者的问题，学者看法历来不一。关于《孝经》作者的争论，研究者们主要持以下九种不同的观点，诸如孔子说、孔子门人说、曾子说、曾子门人说、子思说、孟子门人说、后人附会说、齐鲁间儒者说、汉儒说等，凡此种种，不一而足。

第一，孔子说。东汉的班固在《汉书·艺文志》有云：“《孝经》者，孔子为曾子陈孝道也。”东汉郑玄在《六艺论》中也说：“孔子以‘六艺’题目不同，指意殊别，恐道离散，后世莫知根源，故作《孝经》以总会之。”虽然持孔子说的学者在孔子做《孝经》的目的问题上不完全一致，但都认为《孝经》是孔子所作。第二，孔子门人说。持这种观点的主要是北宋时期的司马光。如他在《古文孝经指解序》中说：“圣人言则为经，动则为法，故孔子与曾参论孝，而门人书之，谓之《孝经》。”清代的毛奇龄在《孝经问》中也讲：“此是春秋、战国间七十子之徒所作，稍后于《论语》。”第三，曾子说。西汉的司马迁最早在《史记·仲尼弟子列传》中就说：“曾参，南武城人，字子舆，少孔子四十六岁，孔子以为能通孝道，故授之业，作《孝经》，死于鲁。”第四，曾子门人说。如南宋的晁公武在《郡斋读书志》说：“今其首章云‘仲尼居，曾子侍’，则非孔子所著明矣。详其文意，当是曾子弟子所为书。”南宋的胡寅也认为，《孝经》应是“曾子问孝于仲尼，退而与门弟子言之，门弟子类而成书”①。第五，子思说。南宋的冯椅提出：“子思作《中庸》，追述其祖之语乃称字，是书当成于子思之手。”今人汪受宽亦认为无论从时间上、师承上，还是从思想上，子思最可能是《孝经》的作者。第六，孟子门人说。近人王正已《孝经今考》有云：“从大体上看来，《孝经》思想有些与《孟子》的思想相同，《孝经》大概可以断定是孟子弟子作的。”②第七，后人附会说。南宋时期的朱熹在《孝经刊误后序》中引用了胡宏、汪应辰所言：“衡山胡侍郎疑《孝经》引诗，非经文本；玉山汪端明亦以此书多出后人附会。”第八，齐鲁间儒者说。以南宋朱熹为代表，以为《孝经》本为孔子或曾子所作，但在流传中后世的儒者可能杂以他书乱之；也可能《孝经》在秦焚书之后亡佚，后儒们假《孝经》之名自作而成。第九，汉儒说。明代吴廷翰在《吴廷翰集·椟记》卷上《孝经条》指出：“《孝经》一书，多非孔子之言，出于汉儒附会无疑。”清代姚际恒在《古今伪书考》中也说：“是书来历出于汉儒，不惟非孔子作，并非周秦之言也。”

---

① 《经义考》卷二二二。

② 《古史辨》第四册。

根据前人对《孝经》作者的研究与考证，可将上述九种观点归纳为两大类：一是先秦儒家学者说，二是汉代及其以后的学者说。关于《孝经》的成书年代，也有成于先秦、汉初、西汉中期和西汉末期等四种说法。而成书于公元前241年的《吕氏春秋·察微篇》，曾对《孝经·诸侯》的内容进行了直接引用："凡持国，太上知始，其次知终，其次知中。三者不能，国必危，身必穷。《孝经》曰：'高而不危，所以长守贵也；满而不溢，所以长守富也；贵不离其身，然后能保其社稷，而和其民人。'楚不能之也。"因为《吕氏春秋》是历史上最早一本对《孝经》内容直接引用的书籍，所以大致可以判定《孝经》的作者与成书不晚于公元前241年。

关于《孝经》的成书，还可以借助《孝经》的注疏来得到旁证。子夏的弟子魏文侯所做的《孝经传》，是迄今所知最早的《孝经》注本，而据《史记·魏世家》所载，魏文侯的在位时间是公元前445至公元前408年。可见，战国中前期《孝经》已经成书。通读《孝经》全文，我们可以看到很多部分都含有"子曰"，即孔子对弟子的教导，而孔子及其弟子都是儒家学派的代表性人物，因此，可以推断《孝经》是孔子或其弟子，抑或是其再传弟子在战国中前期或之前即春秋战国时期所编撰的儒家经典著作。

(二)《孝经》的成书背景

孝德文化在中国源远流长，博大精深。自从进入父系氏族社会，中国就有了孝德观念的萌芽。先秦儒家学者根据当时社会的需要，对前人的孝德观念进行了系统化、理论化的整理，其理论成果《孝经》的产生标志着孝德文化的形成。《孝经》是一部专门论述孝德与孝治的儒家经典，全文分为十八章，一共不足两千字，却极具系统性，通俗易懂，可操作性强，被列为儒家十三经之一。①作为儒家专门论述孝论的经典，《孝经》是我国孝德文化的经典理论著作，汇集了古代圣贤的主要孝德观念。《孝经》是先秦儒家学者根据时代的要求，将传统孝文化的亲情与政治化的纲常礼法相结合，有其深刻的经济背景、政治背景和文化背景。

第一，《孝经》成书时期的经济背景。《孝经》的成书是受到很多因素影响的，其中，小农经济是影响《孝经》成书的主要经济因素。随着春秋战国时期铁

① 王立仁、卢明霞：《〈孝经〉新读》，《伦理学研究》2005年第5期，第87页。

犁牛耕的广泛使用，小农经济应运而生。小农经济又被称为自耕农经济，它以家庭为基本单元，以精耕细作、男耕女织为生产方式，以自给自足为生产目的，是自然经济的一种形式。其特征主要表现为：一是分散性，即以家庭为单位开展生产活动。二是封闭性，即农业与手工业相结合，主要依靠大自然，几乎没有多余的产品流入市场。三是自足性，即生产的目的是满足自家生活需要和缴纳赋税。以家庭为单位进行生产生活的小农经济是当时社会的主要生产方式，小农经济发展直接关乎整个国家的发展，而家庭关系的和谐又能大大促进以家庭为单位的小农经济的发展。因此，在当时的社会环境下，统治者十分重视小农家庭，认为小农家庭安则国安，小农家庭衰则国衰。而要使小农家庭安定，当时的统治者认为最好的方式就是推行孝德，以血缘关系为纽带将家庭成员紧紧地联系在一起，使勤奋上进的小农家庭更好地发展小农经济，从而促进社会稳定。《孝经》就是在统治者推行孝德的过程中产生的，因为系统化、理论化的孝德观念能够更好地在整个国家推行。可见，《孝经》的产生与发展不仅对小农家庭的和谐、小农经济的发展起到积极作用，而且对小农家庭和当时社会的稳定起到积极作用。

第二，《孝经》成书时期的政治背景。建立在血缘氏族基础上的宗法制是孝文化形成并长期存在的社会政治基础。宗法制是由氏族社会父系家长制演变而来的。宗法制以血缘关系为基础，以嫡长子继承为原则，以血缘关系的亲疏远近来分配权力与财富，这一分配方式在长期的历史发展中被传承下来，并被人们赋予了神圣色彩，对中国古代社会的稳定与发展做出了贡献。宗法制确立于夏朝，发展于商朝，完备于周朝，并长期影响于后世。而最原始的孝是源于血缘关系的亲情流露，是每一个子女自然而然就存在的爱父母的天性。原始的孝就是我们爱并亲近我们的父母，以及所有的亲人，这种感情除了血缘关系能够解释以外，没有其他更好的原因。因此，我们可以看出，宗法制与孝有着共同之处，即都是以血缘关系为坚实的基础，并且都被人们广泛地接受与认可。宗法制与孝观念产生的时间大致都在奴隶社会晚期，二者相互作用与影响，由于宗法制带有强烈的政治色彩，其对孝文化的影响更为直接与深刻。宗法制自奴隶社会晚期产生以来，在整个封建社会甚至现代社会都有着深刻的影响，也为后来《孝经》的产生与长期存在奠定了坚实的社会基础。

春秋战国时期是由奴隶社会向封建社会过渡的时期，是由分裂割据向政治统一过渡的时期，是各民族由民族冲突走向民族融合的时期。这是《孝经》得以成书的又一政治背景。春秋时期，周王室衰微，大国开始争霸。在政治上，为了富国强兵，各国纷纷开始变法，整个社会处于大动荡的状态，代表不同阶级利益的学者站在不同的立场，对改革提出自己的见解与主张，形成了“百家争鸣”的局面。春秋时期“百家争鸣”的社会环境为孝德文化的繁荣与发展提供了肥沃的土壤，而战国时期连续不断的战乱状态则对孝德文化的发展提出了更高的要求。孝德最初的内涵是亲情的体现，最初的任务是以血缘关系密切家庭成员之间的关系，促进家庭和谐，但在战国时期战乱频发的政治环境下，为顺应统治者平定战乱、治理国家的需要，孝德文化的内涵进一步扩大，被赋予了更多的政治色彩，表现出具有维护社会稳定的功能与作用。如《孝经·开宗明义》就有论及，对民众的一切教化都是从孝道中产生的，所谓“夫孝，德之本也，教之所由生也”。而统治者以孝治国最重要的方式就是“移孝于忠”，即让民众以孝敬父母长辈的真心来孝敬统治者或上级，将民众对父母长辈的孝心转化为忠诚于统治者与国家的忠心。“以孝治国”“移孝于忠”等现象的出现，是顺应时代潮流的产物，也是迎合统治者执政需要的结果。又如《孝经》中的“五等之孝”，严格规定了不同阶级阶层孝行的标准，并为民众提供了不同的行为规范选择，也确实起到了稳定民心、维护社会秩序的作用。

第三，《孝经》成书时期的文化背景。春秋战国时期，“百家争鸣”的文化环境促进了孝德文化的繁荣，战乱频繁的政治环境对孝德文化提出了新的要求，《孝经》就在这一时期应运而生了。在动荡的政治背景与“百家争鸣”的文化背景的双重作用下，各种思想观点精彩纷呈，孝德文化在这一时期得到了初步的丰富与发展。特别是儒家代表人物，如孔子、曾子、子思、孟子、荀子等，纷纷提出自己的孝德观点，为《孝经》的成书提供了宝贵的思想素材。《孝经》被古代学者视为儒家六经的汇总作品，并世代成为儿童启蒙教育的主要教材，其社会影响可见一斑。我们可以从《孝经》的内容看出，《孝经》是汇集多位儒家孝德观点的作品。

首先，作为儒家学说的创始人、先秦儒家孝德理论的鼻祖，孔子是《孝经》孝德思想的最早贡献者。譬如，《论语》有云：“孝弟也者，其为仁之本与。”这与《孝经·开宗明义》中“夫孝，德之本也，教之所由生也”所表达的意思大致相同，都是孔子对孝德思想的高度评价，都是对孝德的重要性的肯定，都认为孝德是一切道德的根本。又如《论语·为政》中的“孝慈，则忠”，与《孝经·士》中的“孝事君则忠”意思大体相近，都将孝当作忠的基础。《论语·里仁》有“事父母几谏，见志不从，又敬不违，劳而不怨”，与《孝经·谏诤》中的“故当不义，则子不可不争于父，臣不可不争于君”所表达的意思相近，若子女或臣子勇于谏诤、规劝父母或君王，则会使父母或君王免于不义，这才是孝德应有的作为。《论语》是孔子的弟子及再传弟子记录孔子言行的重要文献，大约成书于战国初期，《孝经》中的很多内容都能在《论语》中找到出处，可见孔子对《孝经》成书影响之大。

其次是曾子。《孝经》中出现次数最多的人物，除了孔子便是曾子，曾子是先秦儒家孝德思想的集大成者。在孔子看来，孝是忠的基础，孝能够促进忠的形成，但不管二者的关系如何紧密，孝与忠始终是两个平行的概念，且孝是第一位的。曾子则继承和发展了孔子的孝德思想，进一步扩大了孝德文化的内涵，移孝于忠，并将孝德文化打上了浓厚的政治色彩。如曾子在《曾子大孝》中有云：“事君不忠。非孝也！莅官不敬，非孝也。”在《曾子事父母》中又说：“事父可以事君，事兄可以事师长，使子犹使臣也。使弟犹使承嗣也；能取朋友者，亦能取所予从政者矣。”孔子以德治国的策略也被曾子改造为“以孝治天下”，这为《孝经》“以孝治天下”的成书目的提供了坚实的理论基础。如《唐虞之道》有云：“古者尧之与舜也。闻舜孝，知其能养天下之老也；闻舜弟，知其能嗣天下之长也。”这与《孝经》中天子之孝部分“爱亲者，不敢恶于人。敬亲者，不敢慢于人。爱敬尽于事亲，而德孝加于百姓，刑于四海，盖天子之孝也”的意思非常相近。

最后是子思。近现代有很多专家学者认为《孝经》的作者是子思，因为其中很多内容都与子思的观点相近，那么主要包括哪些内容呢？第一，《坊记》中子思有云，“从命不忿，微谏不倦，劳而不怨，可谓孝矣”，与《孝经》中谏诤章的内容相近，都表明在父母出现错误时，子女要谏诤父母，帮助父母改正错误。第二，《六德》中子思云，“是故先王之教民也，始于孝弟”，以及“孝，本也。下修其本，可以断口”，与《孝经·圣治》中“圣人因严以教敬，因亲以教爱。圣人之教，不肃而成，其政不严而治”的内容意思相近，都体现了“以孝治天下”的思想。第三，《性自命出》记载子思曰，“性自命出，命自天降”，与《孝经》圣治章“父子之道，天性也”的内容意思相近，都认为孝的产生是源于人的天性。①

《孝经》作为一部传统儒家孝德经典著作，不仅在封建社会具有十分崇高的

① 王长坤：《先秦儒家孝道思想》，西北大学博士论文 2005 年，第 11 页。

社会地位，而且在现代社会也有着深远的影响。人们在现实生活中的孝德行为，也大多能在《孝经》中找到理论依据。那么，《孝经》的主要孝德思想究竟是什么？

（三）《孝经》的孝德思想

《孝经》是儒家关于孝德的专论，其孝德思想全面而深刻，也将孝德的作用和地位推向了较高点，成为儒家孝德的重要经典。《孝经》孝德思想表现出孝的通俗化、政治化、神学化等特征，孝德的主题是善事父母、孝事君主及孝治天下。孝德思想主要从孝德的根源、孝德的宗旨和孝德的规范等方面系统展开。

第一，孝德的根源。孝德的根源首要的是人伦关系，即父母与子女之间是以血缘亲情为基础的尊卑长幼的关系。孝德的另一重要根源是人的天性使然，因为孝是人生来就有的本性，孝是一种美德，所谓“父子之道，天性也”①。

首先是人伦关系。《孝经》开宗明义章有云：“身体发肤，受之父母，不敢毁伤，孝之始也。”作者以“身体发肤，受之父母”作为行孝的前提条件，而行孝的前提条件正是人伦的体现，即父母与子女之间以血缘为基础的尊卑长幼的关系。父母与子女血浓于水的人伦关系，不仅让父母与子女的关系变得异常紧密，而且为传统孝德的产生提供了坚实的情感基础，并对当代孝德教育产生了深远影响。如在教育子女时，子女会问父母“我为什么要听你们的话，我为什么要孝顺你们？”这时，父母往往会说：“因为我们是你的父母，我们给了你生命。”父母与子女间血浓于水的人伦关系让子女不敢忘记父母对自己的恩情，让子女心甘情愿地赡养父母、照顾父母、顺从父母，父母与子女间血浓于水的人伦关系更是子女行孝的巨大动力，让子女将孝敬父母内化于心，从而在生活中将不自觉的孝行转化为一种自觉的孝行。父母与子女之间这种血浓于水的人伦关系，被很多学者认为是孝德文化产生的重要根源甚至是唯一原因，因为当时的中国是一个农业大国，每一户农村居民都是国家的基础和细胞，国家是由每一个家庭组成的，而维系家庭成员关系最牢固的纽带就是血浓于水的人伦关系。以血浓于水的人伦关系来解释子女对父母的孝德行为，现在被越来越多的人所接受和认可。

其次是人的天性。孝德文化的产生不仅受到血浓于水的人伦关系的深刻影

---

① 《孝经·圣治》。

响，而且还受到人的天性的影响。孝德作为一种传统道德文化，其最初是来源于父母与子女之间自然而然的亲情的。子女对父母的亲情，是对父母无私的爱的一种感恩与回报。因此，传统的孝德可以被定义为子女对父母的感恩之爱，这一感恩之爱来源于人的天性，是人类良知、良能的具体体现。《孝经·三才》有云："夫孝，天之经也，地之义也，民之行也。"孝德来源于人的天性，孝德的产生和发展具有永恒不变的道理和规律，孝德也就成了人之百行中最根本、最重要的品德。正是这种人类善良的天性，才使孝德文化的产生成为可能。因为人类有着善良的天性，作为子女的人们才能感受到父母无私的爱，才能感受到父母含辛茹苦地将自己拉扯大的艰辛与不易，才能感受到父母与自己血浓于水的血缘关系……只有具有善良的天性，具有良知与良能的子女才会有一颗感恩的心，才会学会感恩与回报自己的父母，才会懂得孝敬自己的父母，才会把对父母的爱延伸到对所有长辈的爱。如果人们没有善良的天性，那么他们就会感受不到父母的爱，感受不到什么是亲情，也就不会有孝德文化的产生了。

因此，通读《孝经》后我们可以发现：孝德文化的产生除了根源于父母与子女之间长幼有序、血浓于水的人伦关系以外，还根源于人类善良的天性。《孝经》以人伦和天性作为孝德产生的根源，在当时社会是具有一定的合理性和说服力的。

第二，孝德的宗旨。《孝经》全篇都在宣扬孝德的目的和宗旨，即实施"孝治"。"孝治天下"是贯穿全书的中心思想。孝德的宗旨主要围绕"孝治天下"和"移孝于忠"两个方面具体展开。

其一，孝治天下。"以孝治天下"是先秦大儒在《孝经》中所明确表达的孝德思想。《孝经·开宗明义》有云，"先王有至德要道，以顺天下，民用和睦，上下无怨"；"夫孝，德之本也，教之所由生也"。孝德是一切道德的根本，对百姓的一切教化都是从孝德中产生的，所以统治者治国的方法与技巧中最关键的就是要使百姓顺从，而以孝德教化百姓更能达到这一目的。因此，《孝经》开篇就表明了孝德的目的与宗旨，也表明了孝德的政治立场，即服务于当时的政治统治者。

《孝经》"以孝治天下"的目的与宗旨，在《孝经》的多处都有体现。如《孝经·天子》有云："爱敬尽于事亲，而德教加于百姓，刑于四海，盖天子之孝也。"即天子竭尽爱敬去侍奉自己的父母，再以道德教化施于华夏百姓之中，并以之作为四方各族的榜样，便是天子之孝。孔子认为天子行孝具有榜样示范的作用，可以带动天下百姓行孝，天子以自身具有的孝德来教化百姓，更能促使国泰民安。又如《孝经·三才》所云："夫孝，天之经也，地之义也，民之行也……则天之明，因地之利，以顺天下。是以其教不肃而成，其政不严而治。"将自然法则与政治法则、人伦法则相联系，使孝不仅成为自然界的根本法则，更成为人类社会的通用法则，让百姓严守孝道，不敢逾矩，从而达到治国的目的。《孝经·孝治》中的"昔者明王之以孝治天下……是以天下太平，灾害不生，祸乱不作"，则明确指出圣明的天子依靠孝德治理天下，以孝治天下可使天下、侯国、家庭上下都和睦太平，风调雨顺，君惠臣忠，父慈子孝，无天灾与人祸的发生。总之，"以孝治天下"是《孝经》的目的，也是《孝经》的重要内容，贯穿于《孝经》始终。"以孝治天下"孝德思想的产生，对整个漫长的封建社会产生了深刻的影响，它有效达到了教化百姓、稳定社会、维护封建统治的效果。

其二，移孝于忠，即移孝作忠、以孝化民。《孝经》融家庭伦理道德之孝于治国之道，使孝德政治化。移孝于忠，是"以孝治天下"的基础与前提，为"以孝治天下"提供了可能。孝与忠二者在封建社会往往被连在一起，因为二者都蕴含有"顺从、服从"的意思。孝德文化的产生较早，其中对父母长辈的侍奉、顺从、服从等理念也正好契合了统治者治国维稳的需要，因此，为迎合统治者的治国需要，古代学者们就开始"移孝于忠"，为统治者治理国家奠定了坚实的理论基础。如《孝经·士》中的"资于事父以事君，而敬同……故以孝事君则忠，以敬事长则顺"，让人们以对父亲的崇敬之心去侍奉君王，使君王也受到与为人父者同样的崇敬，而让士人以侍奉父亲的孝心来侍奉君王，就能做到忠诚，以侍奉敬重父兄的心来侍奉上司卿大夫，就能做到依循与顺从。简而言之，就是要以在家庭中侍奉、孝敬父母长辈的心去侍奉、尊敬上级与统治者，将上级、天子放在父亲抑或是更高的位置，将家庭中对父母的孝转化为对上级、天子的忠，而一个拥有孝德与忠心的人便能在社会上建功立业，扬名于后世。在这里，《孝经》的作者并不是简单地通过强化的方式将"移孝于忠"的思想直接植入读者的大脑，而是通过逻辑证明"移孝于忠"的合理性，这对于当时封建社会一心想着功成名就、光宗耀祖的民众来说是具有很大的吸引力和说服力的。

《孝经》中"移孝于忠"的孝德思想有其积极意义，它能够极大地培育民众爱国爱民的忠诚之心，在当今社会仍有可取之处，也有其糟粕部分，如由此异化而来的"愚孝愚忠"等思想，这种思想是必须摒弃的。

第三，孝德的规范系统。孝德的规范系统是辩证的，是不断变化发展的。虽然从先秦时期到五四运动时期，一个人从未成年阶段到年老阶段，孝德的规范都是不一样的，但孝德的基本内容无外乎是对不同对象的主要在事亲、事君、立身等方面的行为标准，对不同主体如有“五等之孝”。

一是对不同对象而言，如事亲、事君、立身等。“事亲”是《孝经》中最基本的孝德内容。《孝经·纪孝行》有云：“孝子之事亲也，居则致其敬，养则致其乐，病则致其忧，丧则致其哀，祭则致其严。五者备矣，然后能事亲。”意思是说，只有做到带有敬意照料父母起居，带有愉悦供给父母饭菜饮食，为父母生病而忧愁与焦虑，为父母去世而感到万分悲痛，带有崇敬与肃穆祭祀离世的父母，才能算是一个孝子。还要做到“故当不义，则子不可不争于父”，即在遇见父亲有不义行为时，子女要向父亲进行谏诤。以上便是《孝经》对于“事亲”的基本孝道规范。事君与立身是事亲的泛化。“事君”，即侍奉君主。《孝经·纪孝行》“君子之事上也，进思尽忠，退思补过，将顺其美，匡救其恶，故上下能相亲也”，即贤人侍奉君王的方式是在朝做官时要竭尽忠诚，当退居为民后要考虑如何补救君王的过失，对于君王正确的政令要积极奉行与支持，对于君王错误或不当的行为要敢于匡正并及时补救。总而言之，就是要对君王竭诚尽忠，做到忠诚与顺从。“立身”则是要求子孙后代做到建功立业、光宗耀祖，这是孝的最高境界。《孝经·开宗明义》中的“立身行道，扬名于后世，以显父母，孝之终也”，即要求子孙后代要修立崇高的道德品质，为平民时独善其身，为官时尽忠职守，施惠于民，扬名于世，让父母得到荣耀。而立身的前提是“身体发肤，受之父母，不敢毁伤”，即要保护并爱惜好自己的身体。此外，《孝经》还提出要为父母追续子孙后代等要求。

《孝经》中关于“事亲、事君、立身”的孝德规范系统，总体而言，是孝德思想中积极的合理内核，尤其是其中“事亲”“立身”的部分，它为当代社会的孝德教育提供了坚实的理论基础。关于“事君”的部分极力倡导对君主忠诚，并敢于劝诫君主，在当代社会可以借鉴并改造为对国家和人民绝对忠诚。

二是对不同主体而言，如五等之孝。所谓“五等之孝”是《孝经》根据天子、诸侯、卿大夫、士、庶人等对象的不同，在行孝事亲方面分别提出的不同要求与规范。“五等之孝”将行孝的标准进一步细化，是《孝经》内容的重要组成部分。第一是天子之孝。《孝经·天子》“爱敬尽于事亲，而德教加于百姓，刑于四海。盖天子之孝也”，意为天子也要竭尽全力去侍奉自己的父母，并且还要将对父母的孝心扩大为对于天下所有百姓的爱心，对天下百姓施以德政，以孝德感化民众，治理国家。天子之孝不仅可以对百姓起到榜样示范的作用，并且也能提高统治者个人的素质，以德治国。第二是诸侯之孝。诸侯作为一人之下万人之上的臣子，只有做到“在上不骄，高而不危；制节谨度，满而不溢……富贵不离其身，然后能保其社稷，而和其民人”①，才能算是尽到了诸侯之孝。诸侯的地位是尊贵的，但是其上还有天子，因此诸侯不能自视过高，而要保持谦虚的态度，并戒除奢侈腐化，真正做到节制与谨慎。第三是卿大夫之孝。卿大夫是天子或诸侯的辅佐官员，他们是决定政策的集团，是全国行政的枢纽，地位颇高。《孝经·卿大夫》有云：“非先王之法服不敢服，非先王之法言不敢道，非先王之德行不敢行……盖卿大夫之孝也。”即卿大夫的孝德就是要做到服饰、言语和行为都要合乎礼法，严格按照礼法行事，不能自作主张。第四是士人之孝。士是最基层的朝廷官员。《孝经·士》有云：“资于事父以事母，而爱同；资于事父以事君，而敬同。故母取其爱，而君取其敬，兼之者父也。故以孝事君则忠，以敬事长则顺。忠顺不失……盖士之孝也。”即士人要兼具孝顺父母的孝心与忠诚于君王、上级的忠心，才能算是真正尽到了孝道。第五是庶人之孝。庶人是普通的黎民百姓，庶人之孝的适用范围最广，最重要的是让百姓在物质方面能够赡养父母。《孝经·庶人》有云：“用天之道，分地之利，谨身节用，以养父母，此庶人之孝也。”也就是说，庶人尽孝最重要的方式就是要做到让父母衣食无忧，在物质方面得到赡养。以物质赡养父母是庶人尽孝的主要方式，更是庶人尽孝的基础。《孝经》中的五等之孝在现代社会受到了很多研究者的批判，因为其按身份地位的不同将人区分为五等，强化了尊卑等级秩序；将君主放在至高无上的位置，极力维护了王权政治，又带有浓厚的封建色彩。但是，五等之孝也有其积极意义，如能保证了行孝的针对性与层次性等。

《孝经》中蕴含有丰富的孝德思想，取其精华、弃其糟粕是我们对待传统孝德的正确态度。在当代社会，这些孝德思想对我们又有哪些现实意义呢？

（四）《孝经》孝德思想的当代价值

《孝经》中的孝德思想在当代中国，无论是对个人、家庭，还是社会乃至国家，都有极其深远的价值。总体来说，孝德思想可以引人自觉向善，提升个人道德修养；启发个人感恩他人、感恩自然；密切亲子关系，促进家庭和睦；使老人得到物质上、精神上的养老，帮助解决人口老龄化问题，激发爱国情怀，促

---

① 《孝经·诸侯》。

进和谐社会的建设。

第一，引人自觉向善，提升个人道德修养。孝德思想可以激发个人善良的本性，从而提升个人的道德修养。孝德是道德的根本，是个人立足社会的基础。孝德要求对自己的父母孝顺，同时推及其他老人，要求人学会感恩，帮助人培养其他的优秀品质，从而提升个人道德修养。首先，孝德思想可以引发个人自觉向善。《孝经·开宗明义》有云："夫孝，德之本也，教之所由生也……夫孝，始于事亲，中于事君，终于立身。"孝德不仅是人最基本的道德品质，更是一切道德品质产生的根源与基础。孝德由善而生，又对善的发展起促进作用。《孝经》中的孝德内容本身就是善的集合与体现，这种善内化于心、外化于行，有利于人们形成正确的孝德观念，更好地践行孝德思想。特别是始于西汉的"举孝廉"制度，更是对孝德思想可以启发人性向善的肯定。同时，《孝经》针对不同的社会群体，以及人生的不同阶段，对孝德提出了具体的要求，形成了一个全面而系统的孝德规范，以有效规范人们的日常生活，从而创造出一个良好的社会环境，更好地启发人的善性，促进个人的进步与发展。其次，孝德思想可以提升个人道德修养。《孝经》中孝德的主要内涵是子女赡养、尊敬自己的父母和长辈。推己及人，加强孝德教育能促使人们进入"老吾老以及人之老，幼吾幼以及人之幼"①的新道德境界。《孝经》中"身体发肤，受之父母"的内容，启示子女应铭记父母的恩情，在生活中感恩父母。最后，《孝经》中的孝德思想还可以帮助人们培育更多的优良品质，如勇敢、担当、正义、忠诚等。《孝经》中孝德思想的最大特色是"移孝作忠"，即将孝德政治化。"移孝作忠"虽然带有一定的封建色彩，但也具有积极意义，如将家庭伦理中的孝德思想上升为国家层面的忠诚品质，可以增强人们的社会责任感与团队意识。

第二，羔羊跪乳，启发个人感恩教育。孝德思想最显著的意义是可以对个人进行感恩教育。孝德思想最根本的内容就是感恩父母，然后才有了感恩他人，进一步有了感恩自然。这些品质在当代社会非常重要。

首先，孝德思想可以启发个人对他人的感恩。感恩即感谢别人给予的恩惠，感恩是一种高尚的道德品质。《孝经》中论述的孝德思想，尤其是其中要求子女"养亲、尊亲、敬亲"的思想，说到底就是感恩父母，感谢父母的生育之恩、养育之恩与培育之恩。众所周知，教育大都是由小到大、由近及远、由易到难

---

① 《孟子·梁惠王上》。

的，通过《孝经》中感恩父母的教育，可以由近及远，启发个人对他人的感恩教育。如在现实生活中，父母教育子女要善于发现父母的无私奉献和辛勤付出，要体会父母对自己的爱与包容，从而教育子女学会感恩、回报父母，也可启发子女的善性，让子女的内心变得更加善良。同样，当子女在与他人交往时，也应学会感恩，感恩他人对自己的点滴付出，从而成为一个知恩图报的人，所谓“滴水之恩涌泉相报”。由小及大，在个人对父母、他人的感恩过程中又能启发个人对社会的感恩，从而促使整个社会的和谐与进步。

其次，孝德思想可以启发个人对自然的感恩。感恩教育是一个大的课题，不仅仅存在于人与人之间，也存在于人与自然之间。《孝经》中的孝德思想，也可以启示我们有效促进个人对自然的感恩。大自然是我们的伟大母亲，她给予我们丰富的物质生活资料，如水、土地、大气、植物等。没有大自然，人类将无法生存。因此，我们必须对大自然持有敬畏和感恩之心。《孝经》中养亲、尊亲与敬亲的孝德思想，可以将子女对父母的奉养、尊重与敬重转化为对大自然的保护与尊重，将家庭伦理中的小爱上升为自然社会的大爱，感恩大自然对人类的无私馈赠，能够有效地促进人与自然和谐相处。“乌鸦反哺，羔羊跪乳”，个人对父母的感恩能有效地启发个人对他人、社会和自然的感恩。一个对父母充满感恩之心的人更有可能服务好他人和社会。

第三，养老敬老，促进家庭美德建设。孝德思想说到底就是要求人们养老敬老，进而加强家庭美德建设。首先，孝德思想可以有效地促进家庭美德建设。自古以来，中国人就十分重视家庭的和谐和稳定，崇尚修身、齐家、治国、平天下，形成了源远流长的家庭伦理观念和道德规范。《孝经》提倡养亲、尊亲和敬亲，并将此作为子女行孝最基本的要求，为当代家庭美德建设提供了坚实的理论基础。其次，孝德思想有助于解决中国人口老龄化所带来的现实养老问题，特别是能有效地促进老年人精神养老。在现代社会，不赡养父母、不尊敬父母甚至虐待父母的案件时有发生，在这样的社会环境下强调孝德文化，传播孝德思想就显得十分必要了。《孝经》认为孝德源于人伦和人类的天性，将奉养父母、孝顺父母、尊敬父母视为天经地义的事情，增强了劝导现代社会人们养老敬老的说服力。目前，我国已全面进入人口老龄化阶段，而且随着社会经济的不断发展，养老问题不再单纯偏重于物质赡养，对精神方面也提出了很高的要求。如 2013 年 7 月 1 日起施行的《中华人民共和国老年人权益保障法》在“家庭赡养与扶养”一章中明确规定：“家庭成员应当关心老年人的精神需求，不得忽视、冷落老年人”，特别强调“与老年人分开居住的家庭成员，应当经常看望或者问候老人”①。国家对老年人精神养老的重视正好契合了《孝经》中“尊老、敬老”的内容。总之，《孝经》中关于“养亲、尊亲、敬亲”的理念，能够促使子女尊敬父母与长辈，能够促使子女与父母的和谐相处，能够有效地促进当代社会家庭美德的建设，以及老年人精神养老事业的发展。

第四，爱国爱民，构建和谐社会。首先，孝德思想可以有效促进社会和谐。先秦大儒是站在统治者的立场上撰写《孝经》的，以“移孝于忠”“以孝治国”为目的。客观地讲，《孝经》这一出发点是带有一定的封建色彩的，但是通观《孝经》全文，我们可以看出《孝经》中“五等之孝”“移孝于忠”“以孝治国”等孝德思想也是具有一定积极意义的。如《孝经》中的“五等之孝”，对天子、诸侯、卿大夫、士、庶人按照不同地位做了不同的行孝要求，让大家各司其职、各行其是，严格遵守自己应该遵守的孝德规范，不逾矩，这在当时是能起到稳定社会、促进经济发展的作用的。而其中“以孝治国”的思想对统治者的个人道德也提出了很高的要求，促使当时统治者“以德治国”，对百姓施行仁政，也有利于国家的和谐与安定。积极汲取“以孝治国”的合理内核，以传统孝德思想提高执政者的孝德水平，培养其爱国爱民，忠于国家、忠于人民的美德，可以有效推进和谐社会的构建。其次，孝德思想可以有效激发爱国情怀。《孝经》中“移孝于忠”的孝德思想，将民众对家的小爱转化为对国的大爱，体现了作者为维护封建统治而进行辩护的基本立场。但不可否认，“移孝于忠”的思想在封建社会也曾起到过激发民众爱国热情，使民众对家庭的责任感上升为对国家的使命感，从而增强民众凝聚力的作用，并由此产生了中华民族的又一大传统忠德。合理利用孝德中“忠诚”的品质，可以促进个人道德品质的提升与人格的完善、社会的进步与发展。对于执政者来说，更能促使其爱国爱民，尽忠职守，在自己的岗位上做到为人民服务，为早日实现中华民族伟大复兴而奋斗。

总而言之，《孝经》的合理内核对当代社会的进步与发展具有十分重要的积极意义。

---

① 《中华人民共和国老年人权益保障法》，第二章第十八条。

二、孝德的主要内容

华夏文明，上下五千年，源远流长。自上古炎黄时代，至秦皇汉武，再到近代民国乃至新中国时期，中华传统文化不断发展，文化多样性日益凸显。而作为传统文化的重要组成部分，以儒家孝德为主体的中华传统孝德也是如此。在儒家看来，“孝”被认为是道德伦理之根本、言行规范之首要。字从其形，金文中的孝字，上面是个老者，弓背曲腰，庞眉白发，手拄拐杖，步履蹒跚；而下面却是个孩童，以手托扶老人，作服侍状。《说文解字》解读“孝”之字形，为子承老者。在小篆中则以“老”字、“子”字各取一半，上下结合，以老为上，子要尊老，更要承担。“善事父母”，这是我们最能理解的孝的含义，即尊重父母、赡养父母、陪伴父母。《孝经》云：“身体发肤，受之父母，不敢毁伤，孝之始也。”①孟子曰：“世俗所谓不孝者五：惰其四肢，不顾父母之养，一不孝也；博弈，好欲酒，不顾父母之养，二不孝也；好货财，私妻子，不顾父母之养，三不孝也；从耳目之欲，以为父母戮，四不孝也；好勇斗狠，以危父母，五不孝也。”②更多关于孝德的阐述不胜枚举，纵观古今诸位思想大家，皆从不同角度阐释、倡导孝德文化，其内涵丰富，意蕴绵远。总的来说，可以从以下几个方面理解孝德的主要内容。

（一）养体

早在西周时期，古人便知无养则不孝，养是中华民族传统孝德的基础，先有养孝才有之后更多孝德内涵的延伸。《礼记·祭统》曰：“孝者，畜也。”《释名·释言语》有云：“孝，畜也；畜，养也。”可见，孝的底线就是物质上的奉养。人之存世，离不开对物质的需求，生我养我者，其老后不得我养，我老后亦不得养。“养”在亲子之间悄然传递，因为“养”是孝德最基本、最单纯的表达，也是子女对父母最原始、最根本的生存需求的回应。故欲尽孝，必使父母有其“养”。世间万物，唯人有灵。虽然动物没有思想，但动物能通过简单的行为来

① 《孝经·开宗明义》。

② 《孟子·离娄下》。

表达对基于血缘关系喂养的报恩，这与人类是极其相似的。正所谓“羊有跪乳之恩，鸦有反哺之义”。《诗经·小雅·蓼莪》有云：“父兮生我，母兮鞠我，抚我畜我，长我育我，顾我复我，出入腹我。欲报之德，昊天罔极。”每个人都是有父母的，从呱呱坠地到牙牙学语，从百日学步到嬉戏打闹，在我们的成长过程中，父母像天一样肩扛着一切，父母像地一样养育着我们，父母更像是太阳，为了我们茁壮成长奉献着自己的一切，而当父母老去的时候，我们有什么理由不去赡养父母呢？“父母唯其疾之忧”①，子女为父母的疾病而担忧，可以算孝矣。让父母老有所依、老有所养是孝德最基本的要求，也是人性最纯真的体现。这种道德要求要靠个人的自觉去实现，也是一个人被社会和他人认同的底线。《论语·子罕》有云：“出则事公卿，入则事父兄，丧事不敢不勉，不为酒困，何有于我哉？”即孝顺父母，为其提供条件安度晚年，享天伦之乐，这有什么难的呢？“父母之年，不可不知也。一则以喜，一则以惧”②，即当父母年老，要注重关心父母的身体健康，心中要有底；一旦父母生病，应尽力服侍，悉心照料，更要用心陪伴父母，此为孝也。

（二）养志

敬亲，就是在孝养父母时，谦恭谨慎，和颜悦色，任劳任怨，也就是对父母表达最大的尊重。正如孔子在《礼记·祭义篇》中所说：“孝子之有深爱者，必有和气；有和气者，必有愉色；有愉色者，必有婉容。”对父母尽孝，很多人简单地以为就是物质的给予，其实不然。物质固然重要，因为物质是生存的前提，也是赡养父母的基础，所以要客观地看待物质的作用。但更重要的是，在尽孝的过程中以心换心地让父母感受到来自儿女的关爱和感恩，体会到更高层次的享受，将尽孝从简单的物质层面升华到更高的精神层面。对此，孔子早在给弟子的释疑解惑中多次强调过。如在《论语·为政》篇中，子游向孔子问孝，孔子感叹道：“今之孝者，是谓能养。至于犬马，皆能有养。不敬，何以别乎？”如果一个人尽孝仅仅是去满足父母物质的需求，而不从内心真正去关爱父母，动物也可以反哺，那人和动物有何区别？唯有敬孝，从精神层面上的孝，才能体现真正的孝顺，否则就是伪孝。东汉桓宽有云：“周襄王之母非无酒肉也，衣食非

① 《论语·为政》。

② 《论语·里仁》。

不如曾晳也，然而被不孝之名，以其不能事其父母也。”①周襄王虽然为一国之主，但他还是背上了“不孝”的骂名，就因为他是“小人之孝”，非“君子之孝”，是养“口体之孝”，而非“养心之孝”，只予以物质来尽养孝，却不用心来尽敬孝，不是真正的孝。也如孔子所说：“啜菽饮水，尽其欢，斯之谓孝。”②这就是说，敬孝和物质无关，即使粗茶淡饭、麻布粗衣，只要让父母舒心、开心，陪伴父母，也便是孝。

曾子在《大戴礼记·曾子立孝》中谈道，“君子之孝也，忠爱以敬；反是，乱也”，即君子尽孝最根本的前提是对父母的尊敬爱戴，反行其道就是不孝，就是违背人伦纲常。当曾子的学生单居离提出“事父母有道乎”时。曾子回答道：“有，爱而敬。”康熙皇帝在留给子孙的庭训中说：“凡人尽孝道，欲得父母之欢心者，不在衣食之奉养也。惟持善心，行合道理以慰父母而得其欢心，斯可谓真孝者矣。”但凡人们尽孝，想要得到父母欢心，关键不在于物质给予的多少，而是在于要以一颗真心去尊敬爱戴父母，这才是真正的孝。

（三）顺亲

“敬亲”不能只浮于表面，还需要更进一步地延伸和发展，那就是“顺亲”了。在传统孝德中，一般都用孝敬父母和孝顺父母来表达孝，两者关系密不可分。孝敬是孝顺的前提，孝顺是孝敬的结果。只敬重不顺从，那只是在做表面工作；只顺从不敬重，那不是真正意义上的孝。因此，先孝敬才能孝顺，孝顺也是孝敬发展的必然结果。

何为顺亲？顾名思义，就是子女要顺从父母意志，听从父母教诲。在中国古代，子女若不听从父母孝令，甚至可能被交至官府处理。孟子认为舜是天下最孝顺之人，因为舜能无条件顺从其父亲瞽叟。瞽叟屡次试图谋害舜，舜既不惧怕，也不怨恨，他的尽孝之路崎岖坎坷，可他还是恪守孝道，保持一颗赤孝之心，最终“舜尽事亲之道而瞽瞍厎豫，瞽瞍厎豫而天下化，瞽瞍厎豫而天下之为父子者定，此之谓大孝”③。在孟子看来，在尽孝上舜已做出了自己最大的努力，即使父亲不爱自己，他也努力让父亲因自己不快乐到为自己快乐，再到自

① 《盐铁论·孝养》。

② 《礼记·檀弓下》。

③ 《孟子·离娄上》。

己快乐。所以，孝子之孝，其出发点是为父母考虑，一切以父母为起点，不因其他因素而改变，这才是真正的孝顺。在《大戴礼记·曾子事父母》中，曾子有言："孝子无私乐，父母所忧忧之，父母所乐乐之。孝子唯巧变，故父母安之。"子女乐父母之乐，忧父母之忧，才是真正的"顺亲"。"天下无不是的父母"这句话有点绝对，父母虽然不能事事尽对，但只要无伤大雅，子女也应体谅和理解。正如司马光在《居家杂仪》中所说："凡子受父母之命，必籍记而佩之，时省而速行之。事毕则返命焉。或所命有不可行者，则和色柔声，具是非利害而白之，待父母之许，然后改之；若不许，苟于事无大害者，亦当曲从。若以父母之命为非而直行己志，虽所执皆是，犹为不顺之子，况未必是乎！"

（四）荣亲

所谓荣亲，是指子女要立青云之志，展万里宏图，建功立业，光宗耀祖。一方面，为父母争光是荣亲的直接含义，而完成父母寄托的愿望、承载父母的梦想，则是荣亲的直接表现。《礼记·中庸》有言："夫孝者，善继人之志，善述人之事。"孔子在《论语·学而》篇中也说："父在，观其志；父没，观其行；三年无改于父之道，可谓孝矣。"在中国封建社会，父母之志大多是对子女出仕的一种强烈的渴望，"学而优则仕"的思想深入骨髓。"凡为父兄的，莫不爱其子弟，凡爱其子弟的，莫不愿其读书进取"①，所以，天下的孝子们，头悬梁锥刺股，囊萤映雪，每每穷极一生，渴望有朝一日能出人头地，"朝为田舍郎，暮登天子堂"，考取功名，光耀门楣。因为想要改变自身和家族的命运，最直接最行之有效的途径就是读书，所以努力读书也是真正尽孝的一部分。另一方面，子承父业，并将家业发扬光大也是荣亲的一种表现。在这里，子女表现出来的更多的是一种积极进取的人生观，不仅仅是展宏图、遂壮志，更重要的是在"荣亲"的同时，实现自己的个人价值和人生理想。子承父业、薪火相传，荣亲观念在这种亲子代际传递中良性循环接力，个人更容易在家族中获得强烈的归属感和成就感，从而促进家庭、家族的长久健康发展。司马迁写《史记》，有一个重要目的就是继承父亲司马谈的遗志。司马谈作为西汉史官，一心有志写史，但未就而卒，临终时执迁手而泣曰："余死，汝必为太史，为太史，无忘吾所欲论著

① 翟博：《中国家训经典》，海南出版社 2002 年版，第 563 页。

矣……扬名于后世，以显父母，此孝之大者。”①司马迁身残志坚，终不忘父亲遗愿，日夜努力，终成“史家之绝唱，无韵之离骚”的《史记》。这就是中国传统孝德文化中的子承父教，对于我们今天弘扬孝德仍然具有重要现实意义。

三、孝德的基本功能

父母与子女存在着天然的血缘和生养关系，子女和父母在长期的共同生活中结成了特殊的亲情。作为中华民族的传统美德，孝德是子女对父母在物质上赡养、精神上扶助的一种基本伦理道德规范。在漫长的社会发展过程中，孝德在和谐家庭关系、维护社会稳定、完善道德教育和提升个人品德等方面都发挥了重要作用，表现出几种基本功能。

（一）和谐家庭关系

家庭是社会的细胞，和谐家庭关系是孝德的首要功能。作为家庭重要的伦理道德规范，孝德是维系各家庭成员关系团结和睦的精神纽带，它可以进一步密切亲子关系，强化亲子间的依赖关系和归属感，进而促进家庭和睦。以血缘和一夫一妻制为基础的家庭是社会的基本细胞，那些在历史发展中逐渐完善的家庭道德规范，如家风门风、家规家法、家教家训等，业已形成了一套道德规范体系，并成为中华道德传统文化的重要组成部分。一般来说，家庭是由具有血缘关系的成员组成的，家庭成员的团结和睦需要系统的伦理道德来加以规范。在家庭生活中，所有的家庭成员为了共同维护生活秩序，都会要求其他家庭成员共同遵守一定的行为准则和道德标准，产生相同的思维方式、价值观念和行为习惯，形成各具特色的家庭道德规范，而孝德正是和谐各家庭成员关系的关键。孝德规定了家庭成员的责任和义务，其核心思想是子女应赡养、敬重父母和长辈，特别是使老人能够得到物质赡养和精神慰藉，家庭关系和谐，其乐融融。此外，以孝为核心的家庭伦理道德还衍生出父严母慈、夫妻和顺、兄弟友爱等行为规范，这就极大地提高了各家庭成员的凝聚力和向心力，形成父

① 《史记·太史公自序》。

子有亲、夫妻和睦、长幼有序的局面。家庭是社会的细胞，只要人类社会存在，家庭伦理道德就是必不可少的，孝德在和谐家庭关系方面发挥了巨大的作用和功能。孝的本质就是爱，孝就是子女爱父母，而孝父母就是爱自己。因为这种子女孝父母的精神是可以在代际传递和继承的，当我们老去的时候，我们的子女会像我们孝顺我们的父母那样来孝顺我们的，这就大大促进了家庭和谐。

(二)维护社会稳定

传统孝德不仅能够促进家庭和睦团结，也有利于维护社会的繁荣稳定，在全社会形成尊老爱幼、长幼有序的良好精神风尚。所谓“其为人也孝弟，而好犯上者，鲜矣；不好犯上，而好作乱者，未之有也”①。孔子弟子的这番话，意指在家拥有孝悌精神的子女，在外也不会犯上作乱，这样，社会将会呈现出一片安定祥和的局面。孝德在儒学中占据重要地位，是其他一切道德的基础。每个人不仅是家庭一员，而且也是社会的一分子，在社会中需要有一定的道德标准加以规范，这样家庭美德才会与社会公德相互作用、相互影响，将孝德延伸到社会领域，对社会的安定团结和繁荣稳定产生重要影响。我们应秉承“老吾老以及人之老，幼吾幼以及人之幼”②，以及“四海之内皆兄弟”③的理念，进一步将孝德的范围扩大，视天下人为自己的亲人，关心爱护彼此。这样，和谐的人际关系最终得以建立，能进一步弘扬仁、义、礼、智、信等传统美德，使社会安定、民风淳朴。

其实，在最早的孝德伦理体系中，孝德具有两个内涵：一是树立父辈在家族中的绝对权威地位；二是保证父辈年老后生活安稳幸福。由此可见，孝一经产生，在很长的时期内就是一种上倾式的，这种单向性责任和义务的特点促进了专制主义和集权主义思想的萌芽和发展。传统孝德崇尚家国一体，将家族与国家相连，将个人、家庭和国家三者紧密联系起来并阐述其关系。“所谓治国必先齐其家者，其家不可教，而能教人者，无之。”④儒家传统孝德思想是一个不断扩大孝的范围、不断泛化孝的内容的伦理体系，它强调由家族扩大到国家

---

① 《论语·里仁》。

② 《孟子·梁惠王上》。

③ 《论语·颜渊》。

④ 《大学·治国》。

的人伦进程，这也是中华传统文化的一种重要精神。《孝经》将孝全面政治化，孝德发展到封建社会时期，特别是宋代以后开始走向极端化、专制化甚至愚忠愚孝，传统孝德已经表现出很多压制人性、禁锢思想的内容，并遭到了后世的诸多批判，但其“移孝作忠”，以孝选人任人，维持社会秩序、形成良好社会风气、促进国家稳定发展的功用不可抹杀。如今，孝德在一个社会中是否得到重视和践行，已成为判断这个社会是否是文明社会的重要标志。

(三) 完善道德教育

孝德是社会教化和学校教育的核心内容，完善孝德教育是孝德的另一社会功能。在中国传统社会，孝德对中国的政治、法律、教育和生活产生了巨大的影响。为什么孝德具有这么大的能量呢？这不仅仅是因为统治阶级和知识分子对孝德的推崇，更是孝德本身就具有极大的德育价值，正是这种价值，才使“圣人之教不肃而成，其政不严而治”，才能实现“以顺天下，民用和睦，上下无怨”，因此，封建社会处处都能看到孝德的影子。其实，在孝德的意识中是蕴含了人对生命本源、对血缘关系的追溯和敬意的，这也体现了人类对高尚道德的极致追求，可见，孝德的弘扬和发展对社会道德体系的完善极具积极意义。

孝德教育是道德教育的起点和基础，是社会教化和学校教育的核心。古往今来，教育为本，德育为先；孝为德之本，百善孝为先。“夫孝，德之本也，教之所由生也。”①“教”字从“孝”从“文”即知其本义，教育本旨在孝。而关于“教”字，林语堂先生认为，“是从孝演变而来的，即‘孝’字加一表示使役的偏旁‘攵’，意思是‘使……孝’”②。可见，孝与教育密不可分，孝是一种德，教育又以德育为本。孝本身还具有崇拜祖先、敬重宗祖的人文宗教意义，具有珍惜生命、延续生命的哲学意蕴。以孝心而亲亲，从亲亲到敬爱，再从敬爱到仁德，这就是一条自然而然的道德养成之路。由点到面，从特殊到一般，实现从小爱到大爱，小德到大德。这也就是孔子所主张的“泛爱众”，墨子所主张的“兼相爱”，孟子所主张的“老吾老以及人之老，幼吾幼以及人之幼”，以至于发展到我们今天的爱祖国、爱人民。孝是道德教育的起点，也是道德教育的内容。如在长期的共同生活中，父母培养了子女的家庭责任意识、生活态度技能和教养

---

① 《孝经·开宗明义》。

② 林语堂：《中国人》，浙江人民出版社 1988 年版，第 154 页。

子女能力，使之建立起正确的思维方式、价值观念、行为习惯和审美情趣等，使之基本完成社会化任务。此外，孝德与青少年的生活比较贴近，容易被接受和践行，而青少年是国家的未来和民族的希望所在，孝德教育必将会影响他们的一生。孝德本质上是一种感恩意识和报恩行为，以人们对父母的自然真挚的爱为基础。人生在世，最先认识的是父母，长期接触的也是父母，“子生三年，然后免于父母之怀”①，在父母的精心呵护和养育下茁壮成长，便会非常自然地对父母产生强烈的依赖和依恋。在此种情感的支配下，人们更加容易接受和理解孝德。

总之，由“亲亲”开始进行启蒙教育，是人性道德升华最简单、最直接的教育方式，也是最有效的途径，对于青少年教育更是如此。孝德对一个人的道德提升具有重大的作用，孝德也是一个人最基本的道德组成，没有孝德的人是无法被社会和他人所接受和认可的，这是道德和人格的底线。而且，孝德并不是孤立的一种品质，它与多种道德范畴有着密切联系，如孝与忠、孝与仁、孝与礼的关系等。在孔子看来，道德修养的最高境界是“仁”，而“仁”之根本是孝。因此，诸多传统美德如尊老、爱幼、谦让、勤奋等，都可以由孝所引出。个人道德的形成，除了积累学习，更多的是需要在实践活动中去感悟。孝行是特殊的生活实践，长期重复的行为，对父母的爱和感恩之心，逐渐积淀，成为深层次的人性、良知和信念。而从个人到整体，个人道德品质的形成，极大地提高了社会整体的道德水平，而社会道德水平的提升又反作用于个人道德的形成。至此，良性循环建立了，在个人与社会、局部与整体的矛盾运动中道德也会得到不断发展和完善。在这个过程中，孝既是目的，也是手段。从这个角度来看，我们终于理解为什么孝在中华民族几千年文明进程和文化发展中占据如此重要的地位，同时，也只有认识到这一点，我们才能更好地去挖掘孝的德育价值，更有效地将其运用到社会主义道德建设的实践中去。

（四）提升个人价值

道德修养是个人品德形成和发展的内在动力，也是社会的道德原则和规范内化为个人的道德意识，外化为自觉的道德行为，形成道德习惯并养成道德品质的重要途径。在孔子看来，道德修养的最高境界是“仁”，而“仁”之根本是

① 《论语·阳货》。

孝。孝德，对每个人生阶段都有重要意义，为个人成长、成功所不可或缺。孝德提升个人价值主要表现在如下几个方面：

首先，孩子个人价值的养成离不开孝德。一个成功的幸福家庭，父慈子孝，亲子关系和谐，处处皆是父母对孩子的关爱，处处也充满孩子对父母的孝顺。这种家庭温馨和谐的氛围，不仅有利于孩子良好心态和成熟心智的养成，更有利于孩子形成健全的人格，树立正确的世界观、人生观和价值观。一方面，家庭成员在孩子面前做出表率，树立光辉榜样，并以实际行动引导孩子的行为习惯养成，就能为孩子形成感恩和孝敬观念打下坚实基础；另一方面，孩子对父母的孝，也可促进孩子奋发上进、积极进取，并早日在学习和生活中独立自强，激发孩子的巨大潜力，形成良好的个人习惯。

其次，成年人个人价值的实现离不开孝德。传统孝德提倡子女要志存高远，建功立业，最大限度地实现个人价值，从而光耀门庭，为国尽忠，为民请命。在中国古代社会，忠、孝人才辈出，为社会发展和进步做出了巨大贡献。虽然在封建社会人们行事和尽忠的动机比较复杂，或是个人道德修养的驱使，或是对功名利禄的追求，但是可以肯定的是，这些行为结果是与家庭道德的影响和父母长辈的教诲密不可分的。

最后，老年人个人价值的提升也离不开孝德。与传统孝德所要求的使父母老有所依、老有所养相比，现代孝德还要求子女支持父母老有所为。许多人在年轻的时候没能做自己想做的事情，留下了种种遗憾，年老以后就想利用退休时间去完成曾经的梦想。理解父母的这种心情，支持父母的这种想法，并尽力帮助父母完成自己年轻时的梦想，是一个孝子所义不容辞的责任和义务，也是一个人尽孝的高层次表达。在我们的现实生活中，只要给予许多有文化、有知识、有阅历的老年人适当的机会和平台，他们就能很好地发挥余热，再次实现自己的人生价值，继续为社会做出新贡献。对老年人这种宝贵人力资源的深度开发，既是对老年人的基本尊重，也是对中华传统孝德的弘扬和发展。

四、孝德的发生机制

孝德作为一种伦理道德，它的产生与发展是有其历史必然性的。孝德观念的产生是中国古代社会关系的反映，是与当时特有的生产方式，以及由这种生产方式所决定的特殊的家庭结构密切相关的。追溯孝德起源，可以将孝德发生和运作的规律归结为如下几点。

(一) 根本因素：农耕经济

农耕经济是传统孝德赖以发生的社会物质条件，也是孝德得以发生的根本因素或决定性因素。正如恩格斯所说："一切以往的道德论归根到底都是当时的社会经济状况的产物。"①无论何种道德文明的产生与发展，都要以一定的自然条件为基础，并与社会经济发展水平相适应。传统孝德作为中华文明的重要组成部分，亦是如此。农耕文明孕育了古老的中华文化，形成了传统伦理体系，以自给自足为显著特征的小农经济是中国传统孝德产生与发展的经济基础。在人类社会的早期，由于生产力比较低下，人类无力抵抗突如其来的自然灾害，只有一起居住、共同劳作才得以生存、繁衍，因此形成了聚族而居、安土重迁的观念。但是，因人们生活在狭隘的氏族、部落之中，需要一系列的道德规范协调各氏族成员之间的关系，涉及生活、生产、宗教等社会生活的方方面面，尤其是子女和父母的亲子关系和晚辈和长辈的代际关系，需要一定的道德规范予以调整，于是孝德观念就应运而生了。

与其他国家和地区相比，中国较早地步入了农耕社会。随着代表先进生产力的小农经济深入发展，生产工具得到不断改进，社会生产力水平也得到较大提高，在生产过程中，生产资料和生活资料逐渐有了剩余。为了巩固家庭地位，保证物质财产后继有人，需要家族中的血缘宗亲继承家产。子女不仅享受到父母的抚育之恩，还能继承父母遗留下的一定家产，为了表达自己对父母的感激之情，久而久之便形成了孝的传统。同时，由于年长者有着丰富的社会阅历和生产生活经验，掌握着成熟的生产技术和劳动技能，在生产生活过程中，逐渐地掌握了权威地位并不断牢固。由此，子女侍奉父母、晚辈尊重长辈变得水到渠成、顺其自然了。

(二) 心理本能：对偶婚制

作为从群婚制向对偶婚制的过渡形式，对偶婚制是孝德发生的另一前提条件，也是人的一种心理本能。对偶婚制是在私有制经济基础上产生的，而孝的

① 《马克思恩格斯选集》第3卷，人民出版社2012年版，第471页。

伦理道德则是萌生于对偶婚姻制的。

所谓对偶婚，是指一男一女在一定时期内所结成的相对稳定配偶关系的一种婚姻形式。这是在群婚配偶中“主妻”或“主夫”身份不稳定的情况下，由群婚到个体婚的一种过渡婚姻形式，它产生于原始社会末期。在原始社会末期，随着社会生产力的发展，人们的生活资料有了剩余，可以支配的财产也增多了。特别是随着男子社会地位的提高，他们希望自己的后代能够继承自己的物质财富和社会地位。由于财产支配者要求继承自己财产的人必须是和自己有血缘关系的直系子女，这就需要有确凿的血缘关系，也就要求妻子必须固定和专一。可见，对偶婚姻制是围绕着财产和继承问题应运而生的，这也是由生产力的发展所决定的。

对偶婚姻制形成以后，人的自然性的心理本能逐渐转变为孝德观念。有学者认为：“作为自然界的心理本能，孝在世界各民族中是共通的，甚至动物身上也有类似的表现。”①所谓“羊有跪乳之恩，鸦有反哺之义”，讲的就是这个道理。但需要说明的是，“作为自然界的心理本能”转变为孝文化，则是人类社会发展的必然产物和结果。在对偶婚姻制形成以前，人与人之间的血缘关系比较模糊，人的感恩之心指向的不是具体的父母双亲，而是整个大自然，是无所不知的万物神灵。经过人类的进化，直到对偶婚姻制确定下来以后，人们才有了自己祖先的观念，并将祖先作为神灵来供奉、祭祀。这样，行孝的对象开始具体化和固定化，孝德观念渐渐形成，并不断发展完善，最终形成了一套完整的孝德理论体系。

（三）政治基础：宗法等级制

作为中国古代社会的基石，宗法等级制是孝德生成的政治基础。宗法等级制是由父系氏族社会家长制演变而来的，是王公贵族按血缘关系分配国家权力，实行嫡长子世袭统治，宗族组织和国家组织、宗法等级和政治等级相互融合的一种政治制度。这种制度确立于夏朝，发展于商朝，完备于周朝，影响于后世历代封建王朝。按照周代的宗法制度，宗族中分为大宗和小宗：周王自称天子，是天下的大宗，诸子、其他贵族都是小宗；贵族的嫡长子属于大宗，诸子成为小宗；大宗不仅享有对宗族成员的统治权，而且享有政治上的特权。后

① 韩德民：《孝亲的情怀》，北京语言文化大学出版社 2001 年版，第 2 页。

来，各朝统治者对宗法制度加以改造，逐渐形成了由政权、族权、神权、夫权组成的封建宗法制。宗法等级制的确立和完善对于传统孝德的发生起着决定性作用，尤其对早期孝德观念的基本内涵产生了巨大影响。一是敬养父母，尊祖敬宗。处于从属地位的子女、晚辈要绝对服从和敬奉父母、长辈，人们认为这是天经地义的事情，也是传统孝德的内涵之一。二是血脉传承。因为父子关系是家庭结构中的主轴，家族血缘传承中以男性为核心，所以在整个宗族中，大宗是整个宗族的核心，代表祖先，拥有至高无上的地位，享受宗族成员的尊奉。在此制度下，男性继承父辈的一切财产和权利，而这是家族权利的直接来源，也是孝德的经济支柱。与此同时，作为家族财产和地位的法定继承人，男性还有延续家族血脉的责任和义务，因此必须承担繁衍后代、传宗接代的责任，否则将被视为大不孝。血脉传承是传统孝德的另一基本内涵。

可见，宗法等级制是传统孝德不可或缺的政治基础。作为宗法等级制的衍生物，宗族和家族是宣扬、实施孝德的重要主体，而其物化形态的宗庙、祠堂则是弘扬、传承孝德的物质载体。上至先秦，下至明清，从上层地主阶级到基层农民阶级，宗法等级制贯穿了整个中国社会发展的各个不同历史时期及其发展的不同阶段。尽管随着社会不断变迁、朝代不断更迭，传统孝德的具体内涵也可能会因时而变，但是作为宗法等级制的精神产物和维护宗法社会安稳发展的重要手段，孝德在传统道德体系中的核心地位始终是不可撼动的。

（四）直接动力：社会需要

社会需要是孝德生成的直接动力。恩格斯曾说："社会一旦有技术上的需要，这种需要就会比十所大学更能把科学推向前进。"①就社会历史来看，道德首先是为了满足人生存的需要与利益的，氏族成员的生存需要是氏族社会道德产生的直接源泉，即人类生存的需要是道德发生的直接原因。"道德是人根据自己的生存发展需要，自己为自己立法的产物。"②孝德的生成也是这样，处在氏族社会中的人类社会生存和发展的需要是孝德产生的一个直接原因。

首先，孝德是中国古代农业社会文明传播的需要。那时，社会生产力水平比较低下，农业生产活动周期性很强，深受气候条件的影响，靠农耕获取生活

① 《马克思恩格斯选集》第4卷，人民出版社2012年版，第648页。

② 肖雪慧：《守望良知》，辽宁人民出版社1998年版，第61页。

资料的过程比较艰难，一个家庭甚至氏族只有保持内部的团结和稳定，才有足够的力量从土地上获取基本的生存资料，也才能保证家庭及氏族的繁衍生息。在农业生产过程中，年轻一辈经验欠缺，他们急需向生产生活经验丰富的年长者学习基本的生产技能和经验，向长辈请教生活方式、自然地理以及人际交往等，以不断丰富自己的人生阅历。同时，作为土地、房舍等财产的所有者，年长者在家族中享有较高的地位，子女未经其允许就无权继承其家产，这样子女孝顺父母就成为天经地义的事情了。

其次，孝德是古代社会家庭和睦的需要。在农业社会里，由于生活、卫生等条件比较落后，人们养育后代的责任也就比较重大，但随着时光的流逝，父辈因逐渐丧失劳动力而成为被赡养者，子女们则长大成人而成为生产劳动的主力军和父辈生活资料的供给者。但是，若子孙不孝，父母父辈的基本生活需要将得不到满足，这就会直接影响家庭和睦、社会安宁。

最后，孝德是统治者巩固阶级统治的需要。由于“孝”所蕴含的道德原则，敬养父母和长辈，尊祖敬宗，传宗接代，并“移孝作忠”，使道德和政治相结合，既有利于维系整个宗室的和谐稳定，又有利于维护宗法等级制度，以巩固天子、诸侯的统治地位。因此，统治者大力提倡和推广孝德。虽然统治者宣扬孝德观念的动机十分明显，即为了进一步巩固自身的统治地位，但也在客观上推动了孝德的发展。

（五）推动力量：先哲理论成果

先哲理论成果是孝德生成的推动力量。在孝德文化的形成发展过程中，中国先秦时期的先哲们功不可没。如孔子贵仁、曾子忠孝、孟子主仁义、荀子隆礼等。他们各具特色的孝德理论成就，将人们在生活实践中产生的孝意识和孝观念从不自觉变为自觉，从零碎变为系统，从而形成了一套完整的孝德理论体系。人们的生产活动、生活方式为孝德的发生奠定了实践基础，其中产生的孝意识和孝观念即是孝德的雏形。但只有当这些孝德的观念意识摆脱与经济、制度的依附关系，以独立形态展现出来，并在与物质文明和制度文明的互动中形成自己的特殊规律，构成一个相对独立、系统完善的孝德理论体系时，才得以称为孝文化。

作为儒家孝德的理论鼻祖，孔子在孝文化的理论化、系统化发展过程中有举足轻重的作用。宋朝广为流传这样一句话：“天不生仲尼，万古如长夜。”虽然有夸大之嫌，但可见孔子在中华传统孝文化中的重要地位。孔子根据西周的社会实际，在充分地吸收前人孝德成果的基础上，发挥其特有的聪颖和勤奋，形成了以“仁”为核心的孝德理论体系，成为几千年来中国社会主流思想——儒家思想的创始人。孔子有关“孝”的思想集中表现在《论语》和《孝经》中。正如孔子所说：“吾志在《春秋》，行在《孝经》，是知孝者，德之本欤！”①宋代邢昺在其《孝经注疏序》中也称《孝经》是“百姓之宗，五教之要”，“道德之渊源，治化之纲领”。可见，《孝经》在中国传统孝德思想体系中意义是多么重大。《孝经》是一部系统的孝德理论著作，几乎涵盖了社会生活的方方面面，它的出现标志着孝德理论体系建构的完成，也是孝文化的正式形成。作为先秦儒家孝德理论的集大成者，曾子更是继承和发展了孔子的孝德思想，将孝德全面泛化，成为孝治派的代表人物。在孔子之前，中国历史已经有了相当丰厚的孝德文化积累与沉淀，但直至孔子出现，才使这种文化的内存品格以及其潜在的精神气质，获得了观念性的自觉。正是由于以孔子为代表的先哲们的杰出贡献，孝文化有其完整的理论体系，从而成为独立的精神文化，深深地影响着子孙世代的价值取向和行为准则。

① 东方桥：《孝经现代读》，上海书店出版社2002年版，第123页。

第三章

孝德教育的运行

孝德是中华传统美德的重要德目之一，而孝德教育作为孝德的重要实践形式，是道德教育的起点，其中孝德教育的传播途径与方式具有重要的实践意义。在本章中，我们从孝德教育的历史发展、传统孝德传播途径与经验、传统孝德的发展趋势等内容展开阐述。

一、孝德教育的历史分析

孝德起源于子女对父母养育之恩的回报意识，是基于血缘关系而形成的亲子间道德关系，是伴随着人类自身生产而自然产生的亲亲之情。孝德教育是使这种亲子关系和情感得以传承的重要手段，也是使家庭秩序和社会秩序得以维系的前提和基础。孝德教育的发展经历了一个由简单到复杂、由低级到高级的历史过程，必须采取历史分析的方法分析此过程，以正确评价传统孝德的地位和影响。

（一）孝德教育的历史发展

马克思在《〈政治经济学批判〉序言》中明确指出："人们在自己生活的社会生产中发生一定的、必然的、不以他们的意志为转移的关系，即同他们的物质生产力的一定发展阶段相适合的生产关系。这些生产关系的总和构成社会的经济结构，即有法律的和政治的上层建筑竖立其上并有一定的社会意识形式与之相适应的现实基础。物质生活的生产方式制约着整个社会生活、政治生活和精神生活的过程。不是人们的意识决定人们的存在，相反，是人们的社会存在决定人们的意识。”①这一唯物主义历史观对我们正确认识、分析和处理孝德教育历史具有重要指导意义。孝德属于意识形态范畴，孝德与孝德教育应该是同时产生的，没有孝德就没有孝德教育，反过来也是这样，没有孝德教育也不可能产生孝德。孝德教育与孝德一样，不是从来就有或从天而降的，而是都经历了一个漫长的发展过程。

据考证，“孝”字在甲骨卜辞中是与“考”“老”等字相通的，并以孝为教，既维护了奴隶社会的宗法血缘关系，又宣扬了以孝为核心的伦理道德观念，更加有利于家庭和谐与社会稳定。“孝”字最初表达的重要信息就是男女交合、生育子女，生命延续和传宗接代即孝的初始含义之一；先民们由生殖崇拜而演变出祖先崇拜，“祀祖祭先”成为孝的另一初始含义。在西周的典籍、铭文中，孝德是用“追孝”“享孝”来表达的，统治者主张敬天、孝祖、敬德、保民，重视尊老敬贤的教化，祭祀活动成为当时最重要的社会活动，也是一种非常正式的孝德教育形式。尊老敬老的法律规定，成为孝德教育的另一有效形式。周代规定：“五十杖于家，六十杖于乡，七十杖于国，八十杖于朝，九十者，天子欲有问焉，则就其室以珍从。”②这就是说，随着年龄的增长，受人尊敬的范围也应该逐步扩大。定期举行养老礼仪，也是一种孝德教育形式。如在周代，朝廷天子一般都要定期视察学校，亲行养老之礼，并在太学设宴款待三老、五更及群老，以示恩宠礼遇；地方则每年定期举行乡饮酒礼，六十岁以上的老人都能享有特殊礼遇。此外，夏商周时期还广设学校教化孝道。所谓“夏曰校，殷曰序，周曰庠”③。

在先秦诸子百家时期，儒家通过对人类孝意识和孝行为进行反思，认为孝是仁的核心和根本，也是教育的根本，因此主张大力推广孝德教育。譬如，《论语》中就有很多关于孝的论述和对话，这些孝德思想通过典籍记载、收徒授业而得以传承。孔子最先将孝纳入他的仁学体系，成为“人之所以为人”的起码条件。随后孟子和荀子继承和发展了孔子的孝德思想，将先秦儒家孝德思想推向

① 《马克思恩格斯选集》第2卷，人民出版社2012年版，第2页。

② 《礼记·王制》。

③ 《孟子·滕文公上》。

哲学高度。儒家的孝德教育开创性地提出了“如何是孝”的具体实践，较之于探讨“什么是孝”的抽象概念，更多地强调生活中究竟有哪些行为是孝的表现。事实上，人们在提及孝行时，不只是单纯地强调行为本身，而是强调这些行为背后所隐藏的人的内心情感和心理态度。此时，孝已开始成为一套规范的道德体系和行为规范。尤其是《孝经》所包括的孝道、孝行、孝治的理论体系，作为春秋战国时期孝文化的重要组成部分，是后世中国传统孝文化的理论基础和行动指南。

汉代时期，统治者采取了一系列的措施来开展孝德教育，以求通过孝德来维护自己的阶级统治地位。“以孝治天下”，是汉代推崇孝德教育的具体体现。自西汉董仲舒提出“罢黜百家，独尊儒术”的建议后，孝德由家庭伦理逐渐扩展为社会伦理和政治伦理，“以孝治天下”也成为贯彻封建帝制社会的治国纲领。统治者在传播《孝经》中孝德理论的同时，通过选官制度劝导人们崇尚孝德，树立孝行的榜样，并在民间形成崇孝的风俗。虽然受多种客观条件的影响，汉代的孝德教育并未达到儒家理想的目标，且带有浓厚的封建色彩和专制意识，但已构建出传统孝德教育的基本模式，其影响也是深远的。此后，孝德教育成为“经国家，定社稷，序民人，利后嗣”的重要手段。

唐代时期，建立了完备的学校教育制度，建立起了多层学校体系。不论是官学还是私学，都大大地促进了孝德的传播发展。唐代官学又分为中央官学和地方官学两级，中央官学包括国子学、太学、四门学、弘文馆、崇文馆、律学、书学等，其中国子学是公族子弟学校，太学是中高级官员子弟学校，弘文馆和崇文馆是贵族子弟学校；地方设立了京都学，大、中、下都督府学，上、中、下州学，京县学和上、中、下县学等。唐代的中央官学和地方官学都以儒家经典为主要课程，包括必修课、选修课以及专业课，《孝经》和《论语》则为必修课，《诗》《书》《礼》《易》《春秋》等儒家经典为选修课。《孝经》是儒家的重要经典，是孝德思想的集中体现。从汉代开始，统治者便推崇“以孝治天下”。唐代统治者更加重视孝道，对《孝经》也格外重视。唐朝规定学生“《孝经》《论语》兼习之”。实际上，《论语》和《孝经》以必修课的形式出现，反映了唐代统治者对孝德教化的高度重视。私学教育的兴办与发展同样也促进了孝德的传播。唐代的私学教育主要有私家讲授、隐居山林讲学、私塾教育、寺院讲学等，教育内容与官学一致，是孝德教育的重要途径。此外，唐代教育制度的一个突出特点就是教育制度与科举制度的紧密结合。科举制度虽然出现于隋代，但是到了唐代才真正成为国家选拔人才的制度。唐代学校教育的目的是培养具有儒家观念的政府官员，从而为封建统治服务。科举考试最为盛行的是明经科考试，明经科考试的主要内容为儒家经典，分为五经、三经、二经、学究一经、三礼、三传等。其中，《论语》和《孝经》为必考科目。唐代科举制度的实施，大大地推动和强化了孝德教育的普及和传播。

宋元明清时期，孝德教育对象实现了大众化，孝德教育内容实现了通俗化，孝德教育形式实现了多样化，甚至达到了登峰造极的程度。特别是当时愚孝行为开始大量出现，孝德教育也正式走向僵化。南宋的朱熹是唯心主义理学体系的最后完成者，他在北宋周敦颐、程颢、程颐的思想基础上，提出所谓“四书五经”“三纲五常”“存天理，灭人欲”等观点和主张。他视《大学》《中庸》《论语》《孟子》为儒家经典、“三纲五常”为先天存在的“天理”，认为“人之一心，天理存，则人欲亡；人欲胜，则天理灭，未有天理人欲夹杂者”①。其所宣扬的“父为子纲”等内容，就明显地表现出愚忠的属性和特点。

总之，虽然孝德观念和孝德教育都是随着社会的发展进步而不断变化的，但是中国古代孝德教育的目标应该是非常明确和清晰的，就是使敬老观念由家庭推广到社会，并通过社会教化与社会教育的结合，营造一种尊老敬老的社会风尚，推动家庭和谐与社会进步。特别是汉代以后的“以孝治天下”，维护封建统治的目的更为明显。

（二）批判和继承中国传统文化

中国传统文化是指五千年以来由中华民族所共同创造的，为中华民族世世代代所继承发展的，具有鲜明民族特色、历史源远流长、内涵博大精深的民族文化。按照马克思主义的基本观点，对中国传统文化的正确态度就是要坚持批判与继承相统一的原则，贯彻“取其精华、去其糟粕”、古为今用的原则方针。正如毛泽东在《中国共产党在民族战争中的地位》一文中所说：“我们这个民族有数千年的历史，有它的特点，有它的许多珍贵品。对于这些，我们还是小学生。今天的中国是历史的中国的一个发展；我们是马克思主义的历史主义者，我们不应当割断历史。从孔夫子到孙中山，我们应当给以总结，承继这一份珍

---

① 《朱子语类辑略》卷三。

贵的遗产。”①毛泽东在《新民主主义论》一文中，还形象地比喻我们对待传统文化的态度，“如同我们对于食物一样，必须经过自己的口腔咀嚼和胃肠运动，送进唾液胃液肠液，把它分解为精华和糟粕两部分，然后排泄其糟粕，吸收其精华，才能对我们的身体有益，决不能生吞活剥地毫无批判地吸收”②。这就为我们正确对待中国文化传统提供了基本态度和立场。

我们今天要实现第二个百年奋斗目标，进而实现中华民族伟大复兴的中国梦，仍然要以科学的态度对待中国传统文化，以此作为团结和凝聚整个中华民族的精神纽带。习近平总书记在 2013 年 8 月 19 日召开的全国宣传思想工作会议上的讲话中指出：“对我国传统文化，对国外的东西，要坚持古为今用、洋为中用，去粗取精、去伪存真，经过科学的扬弃后使之为我所用。”③他还说：“要坚持马克思主义的方法，采取马克思主义的态度，坚持古为今用、推陈出新，有鉴别地加以对待，有扬弃地予以继承，取其精华、去其糟粕……对待传统文化，既不能片面地讲厚古薄今，也不能片面地讲厚今薄古，更不能采取全盘接受或者全盘抛弃的绝对主义态度。”④习近平总书记还特别提出要对传统文化进行创造性转化和创新性发展，这是对毛泽东对中国传统文化科学态度的继承和发展。以上这些对传统文化的基本态度和立场，同样也适用于中国传统孝德文化。

（三）传统孝德的地位与评价

百行德为首，百善孝为先。总体而言，孝是中国传统伦理的根源、基础和元德，是中国文化精神的源头、根本和特征，也是中国社会、政治、法律、教化的精神基础。⑤ 中国传统文化是以儒家为代表的，而传统儒家虽然认为仁是首要德目，但因仁是一种广泛性理念和普遍性道德而成了所谓的“全德之名”。在儒家看来，孝是仁心产生的根源与仁德实践的起点，使孝成为“仁之本”，成为所谓的“元德”。而且，孝也因包含仁、义、礼、和等中国传统伦理的价值追求

---

① 《毛泽东选集》第 2 卷，人民出版社 1991 年版，第 533–534 页。

② 《毛泽东选集》第 2 卷，人民出版社 1991 年版，第 707 页。

③ 《习近平谈治国理政》第一卷，外文出版社 2018 年版，第 156 页。

④ 《习近平总书记系列重要讲话读本：2016 年版》，学习出版社、人民出版社 2016 年版，第 202 页。

⑤ 肖群忠：《孝与中国文化》，人民出版社 2001 年版，第 329 页。

而成为中国传统伦理的基本精神，儒家在理论上又将孝德功能进一步泛化，使得孝德的地位得到更大的彰显。随着泛孝主义的发展，孝的运作范围不再局限于家庭，而是扩大到家庭以外的家族、非家族性团体等领域，形成了“家国一体”“君父一体”“移忠作孝”等社会现象，“以孝治家”“以孝治国”也就顺理成章和理所当然了。作为一种亲子、宗子关系的道德，孝既表现为一种自然亲情，又被当作主要的文化胎记与人子义务加以教化，起到了促进家庭和睦与社会和谐的极好效果。

中国传统孝文化是中国传统文化的一个重要组成部分，正确对待传统孝文化也是我们提升文化软实力，进一步提高中国综合实力的基础和前提。已故的著名伦理学家罗国杰曾对中国传统道德提出了“批判继承、弃糟取精、综合创新、古为今用”的四句方针。他说：“毋庸讳言，中国传统道德具有鲜明的矛盾性和两重性。它既有民主性的精华，又有封建性的糟粕；既有积极、进步、革新的一面，又有消极、保守、落后的一面……对于中国传统道德，我们既不能全盘否定，也不能全盘继承。全盘否定势必导致历史虚无主义；全盘继承势必导致复古主义。这两种倾向都是错误的。正确的态度是以历史唯物主义为指导，坚持批判继承、弃糟取精、综合创新和古为今用的方针。”①遵循这个四句方针，他将中国传统道德大体上分为如下三种类型：一是我们今天看来是优秀的，或者说基本上是优秀的，基本上是属于精华的部分；二是完全与封建等级制度和等级观念相结合，全属糟粕的部分；三是精华与糟粕交织融合在一起，既有糟粕又有精华的部分。显然，对传统道德文化中不同性质的内容应做区别对待，具体问题具体分析。这种三分法为我们对待传统孝德文化提供了方法论的指导。罗国杰还具体就有关孝德问题，提出了一些自己的观点和分析。如孝敬父母是一个人做人的基本要求，是道德的根本，爱国家首先要从爱父母开始，这些在当下来说当然是对的；“天下无不是之父母”“饿死事小，失节事大”等是属于糟粕性的东西，毫无疑问是应该抛弃的；《二十四孝》中有些是值得我们学习的，但有些是宣扬封建迷信、天赐神助、轮回报应的，也是非常荒唐的。②

---

① 罗国杰：《中国传统道德：简编本》，中国人民大学出版社 1995 年版，第 4 页。

② 瞿振元、夏伟东：《中国传统道德讲义》，中国人民大学出版社 1997 年版，第 6-18 页。

二、传统孝德的教育经验

传统孝德的形成经历了一个漫长的历史过程。传统孝德在其传播的过程中，要由社会经济关系决定和制约，受家庭教育、学校教育、社会教育等多种因素影响，也给我们留下了许多宝贵的教育经验。

（一）传统孝德的家庭、学校教育

中国历朝历代都重视通过家庭和学校来进行孝德教育。孝德的家庭教育，主要是通过父母的言传身教和家风族规等方式来具体展开。在家庭教育中，儒家经典《孝经》发挥了传播孝德的独特作用。历史上还有很多注疏《孝经》的书籍版本，如《孝经传》《孝经讲义》《孝经义疏》《孝经义记》《孝经注》等。通过对《孝经》的注疏来阐发其所蕴含的内容以及自己对孝德的理解，这本身也是一条较好的传播孝道的途径。此外，历史上还有仿照《孝经》而写的其他书籍，如《女孝经》《正顺孝经》《武孝经》《佛孝经》等孝德读本，也广为流传。宋代以后，各地出现了多种多样的祖训家诫、家规家法、宗谱族规等，也成为家庭孝德教育的良好渠道和途径。如司马光的《家范》就流传甚广；朱熹的《家礼》除规定冠、婚、丧、祭等礼仪规范以外，还强调幼童必读《孝经》《论语》，女子加读《列女传》《女诫》等，也在民间广为流传；陆游的《放翁家训》、袁采的《袁氏世范》、方孝孺的《家人箴》等，都是孝德教育的范本。这些古代的家规族训，对于宗氏族人是具有强制约束力的，这在很大程度上维持了全家族的孝道秩序。

中国古代将儿童教育称为“蒙学”。以蒙学为例，民间广为流传的读物有《三字经》，其内容极其丰富，包括孔融让梨、黄香给父母暖席等行孝实例。清代李毓秀的《弟子规·入则孝》更是明确写道：

父母呼，应勿缓；父母命，行勿懒。父母教，须敬听；父母责，须顺承。
冬则温，夏则凊；晨则省，昏则定。出必告，反必面；居有常，业无变。
事虽小，勿擅为；苟擅为，子道亏。物虽小，勿私藏；苟私藏，亲心伤。
亲所好，力为具；亲所恶，谨为去。身有伤，贻亲忧；德有伤，贻亲羞。

亲爱我，孝何难；亲憎我，孝方贤。亲有过，谏使更；怡吾色，柔吾声。

谏不入，悦复谏；号泣随，挞无怨。亲有疾，药先尝；昼夜侍，不离床。

丧三年，常悲咽；居处辨，酒肉绝。丧尽礼，祭尽诚；事死者，如事生。

这就详尽地告诉了孩子们应当如何尽孝父母。清代谢泰阶在《小学诗》中也写道："乌有反哺义，羊伸跪乳情，人如忘父母，不胜一畜生。"情真意切，晓之以理，动之以情，劝导孩子要报答父母恩情。除了蒙学读物外，女子孝德类书籍也有很多，如《女诫》《女训》《女史箴》《女孝经》等，都要求儿女们对父母尽孝。

古代重视家庭和学校教育，特别是重视蒙学教育，通过发行众多孝德方面的读物，将孝德与考试做官紧密结合进行孝德教育，这对我们当今的孝德教育仍然具有重要的借鉴意义和价值。孝德是中华民族的优良传统美德，我们有责任加强对传统孝德的继承和传播。大学生要成为社会主义的合格建设者和可靠接班人，因此，在整个学校教育体系中，要尤其注重对大学生孝德的教育和培养，在加强家庭教育、学校教育的同时，不断丰富和拓展社会教育的内容和形式，使家庭教育、学校教育以及社会教育紧密结合。这既是促进大学生个人健康成长和家庭和睦幸福的需要，也是弘扬传统孝德文化、维护社会和谐发展的需要。

(二)传统孝德的社会教育

社会主要通过民间孝感类故事、传统节日、制度条例、乡规民约等形式传播孝德。在民间孝感类故事中，人们经常将孝子们神化，他们的孝行感动了天地，最终得到神的赐福；相反，不孝之人则会受到上天的严厉惩罚。据《汉书》记载：汉朝时东海有一孝妇，年轻无子守寡，赡养婆婆非常尽心，婆婆让其改嫁不从，深得婆婆同情。后来婆婆自缢而死，小姑子却状告孝妇杀了婆婆，孝妇拒不承认遭狱吏屈打成招，被断定斩杀，结果郡中枯旱三年。新太守到任后，占卜其中的缘故，亲自祭奠孝妇坟墓以示表彰，立刻降下大雨，五谷丰登。此后，《后汉书》《史通》《御览》《淮南子》《说苑》《搜神记·东海孝妇》等正史、野史、杂记，无不记录了这一东海孝妇的故事。在《聊斋》《镜花缘》《窦娥冤》《天仙配》中，还有很多关于孝感的类似神话故事。这类故事通俗易懂，流传很广，孝德教育的效果较好，社会影响也非常深远。全国各地有很多与孝有关的地名，就充分地说明了这点。如河南洛阳市西的孝水、山西的孝义市、四川德阳的孝泉镇、山东济南市内的孝感泉、湖北的孝感市等，背后都有感人的孝德故事。

节日作为孝德文化的一种载体，是人们强化孝德观念、弘扬孝德行为的重要方式，它在传统孝德传播中发挥着不可替代的作用。年复一年的节日庆祝能对人们产生潜移默化的影响，不断增强人们对传统孝德的认同，起到润物细无声的效果。“报恩”与“亲亲”都是人自然情感的流露，一直被人们践行。在我国民间，上元(元宵)、清明、立夏、端午、中元、中秋、冬至、除夕等节日，既是家人团圆的日子，又是纪念先人、寄托孝思、传播孝德的日子。其中，清明节就是这样一个专门祭祀祖先、追思亡灵的节日，扫墓、祭奠祖坟是主要的纪念仪式，也是行孝的具体表现。正如唐代杜牧的《清明》所言：“清明时节雨纷纷，路上行人欲断魂。借问酒家何处有？牧童遥指杏花村。”这种清明扫墓的习俗，一直延续至今。重阳节(每年农历九月初九)则是一个专门尊老敬老的老人节，又称“登高节”或“茱萸节”。主要习俗是登高、赏菊、插茱萸、喝菊花酒等。王维在《九月九日忆山东兄弟》中写道：“独在异乡为异客，每逢佳节倍思亲。遥知兄弟登高处，遍插茱萸少一人。”重阳节作为一个家人团聚、纪念祖先的节日，也一直流传到现在。

官方颁布的制度条例和民间流行的乡规民约，也是传统孝德传播的重要载体。明清时期，就有皇帝亲自制定“上谕”，由各级官员定期“宣讲”的制度。如顺治时颁布的“顺治六谕”，第一条就是“孝敬父母”；康熙时颁布的《人心风俗致治美政十六条》，第一条是“敦孝悌以重人伦，笃宗族以昭雍睦”。明代王阳明的《南赣乡约》，则有大量教民行孝的内容。所谓“自今凡尔同约之民，皆宜孝尔父母，敬尔兄长，教训尔子孙，和顺尔乡里，死丧相助，患难相恤，善相劝勉，恶相告戒，息讼罢争，讲信修睦，务为良善之民，共成仁厚之俗”。可见，中国古代是非常重视传统节日及乡规风俗的熏陶、感染作用，注重营造孝德教育的社会环境氛围的。

目前，传统节日对于孝德的传播仍然起着非常重要的作用。春节、清明节、端午节、中秋节等传统节日，已经成为法定节日，这些节日继续发挥着传播传统孝德文化的社会功能。“蓬生麻中，不扶而直；白沙在涅，与之俱黑”，良好的社会孝德环境对人是具有很强的孝德教育和影响作用的。党的十八大报告明确提出，要积极培育和践行社会主义核心价值观，即在国家层面，倡导富强、民主、文明、和谐；在社会层面，倡导自由、平等、公正、法治；在公民个人层面，倡导爱国、敬业、诚信、友善。这24个字既是社会主义核心价值观的凝练表达，也是传统孝德文化所表现出来的新时代内涵——孝，始于家庭，中于社会，止于国家，这与社会主义核心价值观的基本精神是一致的。全社会积极倡导构建社会主义核心价值观，实际上就为传统孝德的有效传播营造了一个良好的社会环境与氛围。构建社会主义核心价值观，是对传统孝德所做出的新的演绎阐释，更是对传统孝德的继承与发展。

(三)传统孝德的文学艺术教育

文学艺术是传播传统孝德的重要载体形式，它能产生潜移默化的作用和良好的传播效果。在历代诗歌、散文、小说、戏曲等文学形式中，有很多反映孝道的内容。如《诗经·小雅·蓼莪》中就有“哀哀父母，生我劳瘁”的诗句，生动地描绘了父母生儿育女的艰辛。

蓼蓼者莪，匪莪伊蒿。哀哀父母，生我劬劳。

蓼蓼者莪，匪莪伊蔚。哀哀父母，生我劳瘁。

瓶之罄矣，维罍之耻。鲜民之生，不如死之久矣。无父何怙？无母何恃？出则衔恤，入则靡至。

父兮生我，母兮鞠我。拊我畜我，长我育我，顾我复我，出入腹我。欲报之德，昊天罔极！

南山烈烈，飘风发发。民莫不谷，我独何害！南山律律，飘风弗弗。民莫不谷，我独不卒！

唐代孟郊的《游子吟》更是准确地表达了慈母对儿子的浓浓爱意：“慈母手中线，游子身上衣。临行密密缝，意恐迟迟归。谁言寸草心，报得三春晖。”慈祥的母亲手里拿着针线，为将远游的孩子赶制新衣。临行前，她忙着缝得严严实实，是担心孩子此去难得回归。谁能说像小草的那点孝心，可报答春晖般的慈母恩惠？真乃千古绝唱也！

在中国古代，孝歌、孝曲也在社会中非常流行。《劝孝歌》《劝孝篇》《教孝篇》《百孝经》《福寿真经》《二十四孝鼓词》《文昌帝君劝孝文》等，无不在潜移默化中影响着人们的日常思想与行为。清代王中书的《劝孝歌》就颇具代表性，它以“孝为百行首”开篇，通过列举父母的养育恩德，启发子女自觉行孝尽孝。

孝为百行首，诗书不胜录。富贵与贫贱，俱可追芳躅。若不尽孝道，何以分人畜？我今述俚言，为汝效忠告。百骸未成人，十月怀母腹。渴饮母之血，饥食母之肉。儿身将欲生，母身如在狱。惟恐生产时，身为鬼眷属。一旦见儿面，母命喜再续。一种诚求心，日夜勤抚鞠。母卧湿箪席，儿眠干裀褥。儿睡正安稳，母不敢伸缩。儿秽不嫌臭，儿病甘身赎。横簪与倒冠，不暇思沐浴。儿若能步履，举步虑颠覆。儿若能饮食，省口恣所欲。乳哺经三年，汗血耗千斛。够劳辛苦尽，儿至十五六。性气渐刚强，行止难拘束。衣食父经营，礼义父教育。专望子成人，延师课诵读。慧敏恐疲劳，愚怠忧碌碌。有过常掩护，有善先表暴。子出未归来，倚门继以烛。儿行十里程，亲心千里逐。儿长欲成婚，为访闺中淑。媒妁费金钱，钗钏捐布粟。一日媳入门，孝思遂衰薄。父母面如土，妻子颜如玉。亲责反睁眸，妻詈不为辱。母披旧衫裙，妻着新罗谷。父母或鳏寡，为儿守孤独。父虑后母虐，鸾胶不再续。母虑孤儿苦，孀帏忍寂寞。身长不知恩，糕饵先儿属。健不祝哽噎，病不如伸缩。衣裳或单寒，衾裯失温燠。风烛忽垂危，兄弟分财谷。不思创业艰，惟道遗资薄。忘却本与源，不念风与木。蒸尝亦虚文，宅兆何时卜？人不孝其亲，不如禽与畜。慈乌尚反哺，羔羊犹跪足。人不孝其亲，不如草与木。孝竹体寒暑，慈枝顾本末。劝尔为人子，孝经须勤读。王祥卧寒冰，孟宗哭枯竹。蔡顺拾桑椹，贼为奉母粟。杨香拯父危，虎不敢肆毒。伯俞常泣杖，平仲身自鬻。江革甘行佣，丁兰悲刻木。如何今世人，不效古风俗？何不思此身，形体谁养育？何不思此身，德行谁式谷？何不思此身，家业谁给足？父母即天地，罔极难报复。亲恩说不尽，略举粗与俗。闻歌憬然悟，省得悲莪蓼。勿以不孝首，枉戴人间屋；勿以不孝身，枉着人间服。勿以不孝口，枉食人间谷。天地虽广大，难容忤逆族。及早悔前非，莫待天诛戮。万善孝为先，信奉添福禄。

孝子剧对传统孝德的传播也发挥了重要作用。宋元时期，江南一带就有《琵琶行》《王祥卧冰》《老莱子》《教子寻亲》等8部孝子剧；元代杂剧中的孝子剧更多，有近20种；明代孝子剧由单纯地弘扬孝演变为歌颂“孝忠”“节孝”等；清代的孝子剧更是新戏迭出，深入人心，得到进一步繁荣发展。

特别是《二十四孝》故事，如孝感动天、戏彩娱亲、鹿乳奉亲、百里负米、啮指痛心、芦衣顺母、亲尝汤药、拾葚异器、埋儿奉母、卖身葬父、刻木事亲、涌泉跃鲤、怀橘遗亲、扇枕温衾、行佣供母、闻雷泣墓、哭竹生笋、卧冰求鲤、扼虎救父、恣蚊饱血、尝粪忧心、乳姑不怠、弃官寻母、涤亲溺器等，在社会中流传得相当广泛，影响也非常深远。与儒家集孝德理论之大成的《孝经》相比，《二十四孝》故事来源于生活，内容覆盖面广，形式通俗易懂，更易被人们接受和认同。正如鲁迅所说："那里面的故事，似乎是谁都知道的；便是不识字的人，例如阿长，也只要一看图画便能够滔滔地讲出这一段的事迹。"①

总之，通过家庭教育、学校教育和社会教育的作用，以及各种孝德行为文学艺术的影响，孝德观念已经深入人心，逐步地由外在的孝德说教内化为人们自觉的孝德情感，并形成了孝德行为习惯。这是中国传统道德文化的最大特色，也给我们继续传播孝德文化、加强孝德教育提供了经验借鉴。当今，随着经济与科学技术的发展，互联网为传统孝德的传播提供了更加丰富的载体形式。特别是动漫作为新兴艺术形式，已经开始深刻地影响着少年儿童的孝德教育效果，动漫对传统孝德文化的传播作用不容小觑。动漫的艺术性、娱乐性和较强的时效性，使其在孝德文化传播中具有更多优势。当然，利用动漫来传播孝德文化，还需要政府加大政策扶持力度，使动漫更好地与孝德文化结合。同时，家庭影视剧也是孝德传播的重要载体。有关孝德的电视剧不仅形成了收视热潮，而且传播了责任与义务、仁爱与忠诚、和谐与稳定等思想观念。此外，新媒体在传统孝德传播中也扮演着重要角色。新媒体的生动性、虚实性和创新性等特点，使其在孝德文化传播过程中具有极大优势。新媒体集文字、声音、图像于一体，内容生动丰富，能够深化人们对孝德文化的认识，强化孝德文化实践，促进传统孝德文化传承。在新的时代条件下，必须全面而充分地利用好新媒体的优势，发挥出其在孝德文化传播中的应有作用。正如习近平总书记所说，要"系统梳理传统文化资源，让收藏在禁宫里的文物、陈列在广阔大地上的遗产、书写在古籍里的文字都活起来"②，利用新媒体将孝德文化渗透到人们生活的方方面面，使人们在潜移默化中受到生动的孝德教育。

---

① 《鲁迅全集》第 2 卷，人民文学出版社 1981 年版，第 252 页。

② 《习近平总书记系列重要讲话读本：2016 年版》，学习出版社、人民出版社 2016 年版，第 203 页。

三、孝德教育的当代价值

习近平总书记在党的二十大报告中指出："坚持和发展马克思主义，必须同中华优秀传统文化相结合。"①这一号召，无论是对于开辟马克思主义中国化时代化新境界，还是对于赓续中华文脉、坚定文化自信、弘扬传承中华优秀传统文化，对于我们民族复兴和国家发展，都具有十分重大的意义。孝德文化在中华优秀传统文化中占有非常重要的地位，其中蕴含的赡养父母、感恩国家、服务人民和奉献社会的精神内核具有超越时空的进步意义，对维系家庭和谐幸福、促进社会文明进步、助推中华民族伟大复兴等，都产生了重大而深远的影响。因此，我们同样要采取批判继承的态度对待传统孝德文化，取其精华，去其糟粕，反对历史虚无主义和复古主义，坚持古为今用、推陈出新的原则，积极推动孝德文化创造性转化和创新性发展，让古老的孝德文化在新时代焕发出新的生机和活力。中国传统孝德教育的当代价值，主要体现在促进家庭和睦融洽、提高社会文明程度、助推中华民族伟大复兴三个方面。

（一）促进家庭和睦融洽

千百年以来，父母子女关系一直都是家庭的基础，父慈子孝也是家庭的基本伦理规范。子女在父母的抚养下长大成人，父母在子女的赡养下安度晚年，父母和子女间的这种源于血缘的情感需要对于建立和维系和睦融洽的家庭关系具有重要意义。

一方面，孝德教育强调父母养育子女的责任。父母生育了子女，理应对他们施爱，抚养他们长大成人。《诗经·小雅·蓼莪》中说："父兮生我，母兮鞠我。拊我畜我，长我育我，顾我复我，出入腹我。"意思是说父母双亲生了我，养育我，抚慰我，爱护我，照顾我，挂念我，出门进门抱着我。这首诗歌真切地描绘出了父母养育子女的艰辛和不易。实际上，抚养子女不单单是给予他们成长所需要的物质条件，更重要的是要引导他们养成良好的行为习惯和道德品

① 《高举中国特色社会主义伟大旗帜 为全面建设社会主义现代化国家而团结奋斗——在中国共产党第二十次全国代表大会上的报告》，人民出版社 2022 年版，第 18 页。

质，引导他们向上向善、孝老爱亲。《左传·隐公三年》对此也有论述，“爱子，教之以义方”。父母慈爱子女，就应该教导他们为人行事遵循一定的道德规范。习近平总书记在会见第一届全国文明家庭代表时的讲话中也引用了“爱子，教之以义方”的古语，寄希望于家长担负起教育后代的责任，把美好的道德观念传递给孩子，引导他们健康成长。可见，在现代的家庭生活中，养育子女是父母应尽的责任，尤其是要教导子女养成良好的道德品质。

另一方面，孝德教育也强调子女赡养父母的义务。父母含辛茹苦地养育子女长大成人，作为子女也理应赡养父母。“乌鸦反哺”“羔羊跪乳”，动物尚且如此，人类更应该懂得这个道理。子女赡养父母，不仅要在物质上为父母提供必要的生活条件，使他们能够衣食无忧，而且要在精神和情感上给父母提供更高层次的“敬”。《论语·为政》中有“子游问孝。子曰：‘今之孝者，是谓能养。至于犬马，皆能有养。不敬，何以别乎？’”《诗经》将这种“敬”孝具体化为三个方面的要求，其中有一条就是子女在奉养父母衣食的基础上，也要同父母进行情感上的沟通和交流，使他们在精神上得到慰藉。当前，我国已经全面进入老龄化社会阶段，如何使老年人幸福安度晚年的问题日益突出，尤其是在农村地区，空巢老人现象普遍存在，这些老年人虽然在物质条件方面得到了不同程度的改善，但是，由于子女和他们长期没有生活在一起，他们时常在精神上感到有所缺失。因此，习近平总书记多次强调要在全社会弘扬尊老敬老的传统美德，让老年人老有所养、老有所依、老有所乐、老有所安。孝德的回归促使老年人和子女进行沟通和交流，使老年人的精神情感需求得到满足，也只有这样才能形成和睦幸福的家庭。

（二）提高社会文明程度

在党的二十大报告中，习近平总书记强调要“提高全社会文明程度。实施公民道德建设工程，弘扬中华传统美德，加强家庭家教家风建设”①。孝德是中华传统美德的本真，也是家庭家教家风建设的重要内容，弘扬孝德文化对于提高个人道德修养和文明素质、形成和谐健康的人际关系具有重要意义。

一方面，孝德教育有利于提高个人道德素养。孝是人们相生相养生发的自

① 《高举中国特色社会主义伟大旗帜 为全面建设社会主义现代化国家而团结奋斗——在中国共产党第二十次全国代表大会上的报告》，人民出版社2022年版，第44页。

然情感，是人性的本能体现，是一切道德生成的根与源。《孝经·开宗明义》中明确指出："夫孝，德之本也，教之所由生也。"《孝经·圣治》中"曾子曰：'敢问圣人之德，无以加于孝乎？'子曰：'天地之性，人为贵。人之行，莫大于孝。'"由此可见，孝是德的根本，是一切教化的出发点。唐玄宗李隆基在为《孝经》所做的注中也明确指出："是知孝者，德之本欤。"也正因此，有学者指出流传千年的《孝经》不单单是教"孝"的典籍，也是教导人们致"善"和致"美"的典范。[①] 道德的本真在于爱与奉献，而孝正是导向于此的起点。每个人自出生以后最先得到的是父母的爱，这种客观存在的爱会使子女真切地感悟到爱并由此生发出对父母真诚和强烈的敬爱之情，由此推及对其他人的友爱和尊敬。因此，孝德是一切道德的源头活水，一切道德都是基于此衍生而来的，正所谓"百善孝为先"。不论时代如何变迁，父母都是生育和抚养我们长大成人的人，因此，施爱自然应从对自己亲生父母的奉养和孝敬做起。《孝经·圣治》中说："故不爱其亲而爱他人者，谓之悖德。不敬其亲而敬他人者，谓之悖礼。"倘若一个人对自己的亲生父母都不爱和不敬，怎能寄希望于他能够做到关爱他人和效忠国家呢？在《论语》中孔子的学生有子也明确指出："孝弟也者，其为仁之本与！"仁也就是爱人，而孝是仁的根本，从对亲生父母的爱和敬做起，才能提高个人的道德水准和文明素养，进而推己及人，促进社会文明和谐。

另一方面，孝德教育也有利于形成和谐的人际关系。在中华传统文化中，一切人际关系都是基于血缘宗法的基本精神延展开的，由此孝也就成了一切人际关系得以建立的精神基础。孝的本质就是爱，中国传统社会是一个熟人社会，人们往来的对象或多或少是有一定亲属关系的人。因此，在家庭中协调亲子关系的孝的基本要求也就延伸到了乡邻熟人之间，成了年轻人扶助老年人的要求。[②] 儒家推崇"仁"，讲求"推"字，要求把对父母的孝敬和对兄长的尊敬推己及人，孝之敬老助老的范围由此不断外推和延伸，不仅会和睦九族，以亲邻里，而且也会以君为父而忠君，以民为本而爱民，由此形成"老吾老以及人之老，幼吾幼以及人之幼"的和谐社会。时至今日，社会虽然由传统的"熟人社会"演变成了现代的"陌生社会"，但孝之尊老助老的含义并未因此而失去价值

① 史少博：《〈孝经〉的现代意义阐释》，《兰州学刊》2008 年第 10 期，第 152–154 页。

② 郭清香：《孝文化的现代价值及其实践探析》，《中国特色社会主义研究》2017 年第 2 期，第 75–79 页。

和意义。实际上，人和人之间的尊重和互助在任何一个时代和社会都是必不可少的，而孝德的弘扬和推广必然会提升人与人之间的认同感和幸福感，由此形成和谐、健康的人际关系，社会的文明和谐程度自然也会不断提升。

（三）助推中华民族伟大复兴

党的二十大报告强调："从现在起，中国共产党的中心任务就是团结带领全国各族人民全面建成社会主义现代化强国、实现第二个百年奋斗目标，以中国式现代化全面推进中华民族伟大复兴。"①中国所追求的现代化不仅仅是物质的现代化，更是"人"的层面的现代化，是追求物质文明和精神文明相协调的现代化。当现代化的高楼大厦在我国大地上遍地林立时，中华民族精神的大厦也应该巍然耸立。正如习近平总书记在党的十九大报告中强调的，"文化兴国运兴，文化强民族强。没有高度的文化自信，没有文化的繁荣兴盛，就没有中华民族伟大复兴"②。固然，中华民族伟大复兴有多方面内涵，其中文化建设是重要内容。孝德是中华优秀传统文化的精神内核之一，开展孝德教育对于培育家国情怀、形成民族凝聚力量、增强文化自信、推进文化强国建设等，无不具有重要意义。

第一，孝德教育有利于培育家国情怀。小孝孝于家，大孝忠于国。在中国传统文化中，家和国从来都是密不可分的有机整体，爱国可以说是孝德的最高境界。"修身、治国、平天下"折射的就是家国同构的家国情怀，这也是中华民族血缘文化的主要特质。《孝经·广扬名》中说："君子之事亲孝，故忠可移于君。事兄悌，故顺可移于长。居家理，故治可移于官。"孝始于家庭，终于国家，是培育和涵养家国情怀的情感根源。从字形来看，"孝"字由"老"字上部分和"子"字两部分结合而成，意味着代际是一体关系。由此可见，孝体现的是一体的宇宙观，如果把对父母亲的爱延展开，爱国和爱家就融为了一体，也正所谓人们常说的"家是最小国，国是千万家"，家和国具有同构性。当然，广泛意义上孝文化本身就内含着为国家和民族尽匹夫之责的社会责任，正如《孝经》所说，"扬名于后世，以显父母，孝之终也"，在此意义上，立身之孝就必然会导

① 《高举中国特色社会主义伟大旗帜 为全面建设社会主义现代化国家而团结奋斗——在中国共产党第二十次全国代表大会上的报告》，人民出版社 2022 年版，第 21 页。

② 《习近平谈治国理政》第三卷，外文出版社 2020 年版，第 32 页。

致先天下之忧而忧的国事情怀。实际上，《礼记·大传》中也有类似论述，所谓“自仁率亲，等而上之，至于祖；自义率祖，顺而下之，至于祢。是故人道亲亲也。亲亲故尊祖，尊祖故敬宗，敬宗故收族，收族故宗庙严，宗庙严故重社稷，重社稷故爱百姓”。这里的社稷是土神和谷神的合称，后来用来泛指国家，重社稷用现代的话语阐述就是热爱祖国，这种情感正是由亲亲启蒙和生发出来的。故此，家国情怀源于亲祖，是亲亲感情的连锁效应和延展结果。古代社会，流传着很多忠君爱国的感人故事，现如今忠于祖国也依然是基本的道德要求，爱国是社会主义核心价值观的重要内容。《“十四五”文化发展规划》中发展目标任务重点之一就是“社会文明程度得到新提高，社会主义核心价值观深入人心，中华民族的家国情怀更加深厚、凝聚力进一步增强”。培育家国情怀，这也是弘扬孝德文化的重要价值。

第二，孝德有利于增强民族凝聚力。赤子之心，孝子之情，可昭日月。中国自古以来就有“慎终追远”的传统，中华民族作为一个大家族，共同享有一个始祖黄帝，延续千年的祭祀大典充分说明了中国人认祖归宗、血脉相连的文化缔结，孝成为联结世界华人的心脉，这是中国孝德文化产生的一种特殊情感。从孝顺父母的“小孝”出发，就可以衍生出对民族的大孝。“孝”是民族团结、兴旺的精神基础，是中华民族凝聚力的核心。① 新时代新征程，实现中华民族伟大复兴，需要团结一切可以团结的力量，调动一切可以调动的因素，最大限度凝聚起共同奋斗的力量。正因为如此，传承孝德文化，不仅有利于进一步增强中华民族的凝聚力和归属感，而且可以团结凝聚全天下华人，形成海内外全体中华儿女心往一处想、劲往一处使的局面，汇聚起实现中华民族伟大复兴的磅礴伟力。

第三，孝德有利于推进文化强国建设。增强文化自信，建设社会主义文化强国离不开对中华优秀传统文化的传承和发展。作为中华文化的重要组成部分，孝德文化经过数千年的洗礼与积淀，依然焕发旺盛的生命力。梁漱溟在其所著的《中国文化要义》一书中将先贤所阐述的传统文化的特征概括为十四个方面，其中第十三个特征就是钱穆和谢幼伟提出的“中华文化就是孝文化”的观点。② 中国文化在某一程度上可谓为孝的文化，孝在中国文化上作用至大、地

① 肖群忠：《孝与中国文化》，人民出版社 2001 年版，第 389 页。

② 梁漱溟：《中国文化要义》，上海人民出版社 2005 年版，第 23 页。

位至高，谈中国文化而忽视孝，即非于中国文化真有所知。由此可见，在某种意义上，中华文化就是基于孝而建立的。《孝经·开宗明义》中也指出“夫孝，始于事亲，中于事君，终于立身”。也就是说“孝”的原初意义是奉养双亲，中层境界是效忠国君，最终境界是承志立身。社会主义核心价值观是基于孝的基本理念从国家、社会和个人三个层面来凝练和阐释的，本质上同其具有一脉相承关系。因此，在传统和现代的时代交融中的孝德文化，是中华民族共同体强大的精神之源。中国特色社会主义进入新时代，充分挖掘孝德文化的当代价值，推动孝德文化创造性转化和创新性发展，可以进一步激活中华优秀传统文化活力，铸牢中华民族共同体意识，推进国家文化强国战略。

第四章

孝德教育的问题及其成因

孝德教育是德育的一个重要内容，孝德教育的有效开展是以准确地了解教育对象的孝德现状和特点为前提条件的。所谓孝德现状，是指我国全体社会成员在孝德观念、孝德思想、孝德行为等方面呈现出来的总体状态和基本特征。由于受多种条件的限制，我们只选取了地处湖南长沙的中南大学、湖南大学、湖南师范大学、湖南财政经济学院等高校的部分大学生进行了调查研究，从而概括出当代孝德的现状与孝德教育特点。笔者通过抽样问卷调查，将大学生的孝德问题概括为认知片面化、感情空洞化、意识模糊化、孝行单一化等几个方面，并从宏观和微观等不同的角度，深入地分析了形成目前大学生孝德现状的主要原因。

一、孝德教育的现状调查

为了更好地在大学生中开展孝德教育，首先应该充分了解当代大学生的孝德观念、孝德思想、孝德行为等状况。作为“95 后”“00 后”，他们中的很大一部分来自独生子女家庭，具有独生子女的一些性格特征。我们从实证研究的角度出发，对湖南几所高校的大学生孝德教育进行了相关的调查与分析，为科学构建大学生孝德教育内容体系，有针对性地开展大学生孝德教育，提高大学生孝德教育的有效性等提供了决策依据。

(一)研究对象的抽样

我们采取了随机抽样的方式，在地处湖南长沙的中南大学、湖南大学、湖南师范大学、湖南财政经济学院等4所高校随机选取1200名学生(包括本科生和研究生)进行了问卷调查。本次调查采取不记名形式，共发放问卷1200份，收回1116份，回收率为93.0%，剔除无效问卷92份，最后有效问卷为1024份，有效率为91.8%，符合研究分析的要求。调查对象具体分布情况如表4-1所示。

表4-1　调查对象具体分布情况

变量	值	份数/份	占比/%
性别	男	480	46.9
	女	544	53.1
年级	大一	494	48.2
	大二	201	19.6
	大三	196	19.1
	大四	95	9.3
	其他	38	3.8
独生子女	是	442	43.2
	不是	582	56.8

表4-1显示，在有效的1024份问卷中，男生与女生比例基本相同，分别占比46.9%和53.1%。调查学生所在的年级从大一跨越到研究生，覆盖面较广，基本保证了调查对象的全面性和代表性，也确保了调查结果的真实性与客观性。其中，数据显示在所调查的对象中，独生子女达到442人，占比43.2%。

(二)研究工具的选择

孝道是一套子女以父母为主要对象的社会态度和行为方式的组合，①即孝道态度和孝道行为的组合。杨国枢从道德心理学的角度，对孝道的测量做出了

① 叶光辉、杨国枢:《中国人的孝道：心理学的分析》，重庆大学出版社2009年版，第9页。

一些卓有成效的研究。如他和叶光辉等进行了关于孝道社会态度与行为的测量研究，特别是制作了孝道认知量表(FC)、孝道意愿量表(FI)、孝道行为量表(FB)、孝道情感量表(FA)等一系列量表。① 杨国枢还利用孝道个人意愿量表来测量其外显孝道，采用IAT范式探索内隐孝道，从内隐和外显两个方面初步考察当代大学生中独生子女与非独生子女、男性与女性的孝道差异，即孝道存在内隐孝道和外显孝道两个独立的层面；独生子女的外显孝道与非独生子女没有显著差异，而内隐孝道则比非独生子女表现得更为明显；在外显测量中女性比男性表现得更为孝顺且差异显著，而内隐孝道则没有显著差异。我们在对孝德教育现状进行调查研究时，也会参考杨国枢先生的量表来制作调查问卷，并在旧量表的基础上增加一些新的孝德内容，采取自编问卷调查的方式，以保证数据采集的有效性和全面性。根据研究的实际需要，新的孝德教育调查问卷以“大学生孝德教育状况问卷调查”为主题，围绕大学生在孝知、孝感、孝意、孝行等方面的相关问题具体展开。

(三)研究问卷的制作

为了确保调查数据的全面与客观，我们围绕中国传统孝德的基本内涵等内容，共计设置了35个问题，要求被调查者根据自己的实际情况自由回答。所调查的内容涵盖大学生孝德及其教育的各个层面：既有孝德态度也有孝德行为，既有本义性孝德也有延展性孝德，内容丰富而全面，以便从多个层面和角度，真实而全方位地了解当代大学生的孝德教育现状。

二、孝德教育存在的问题

从问卷数据统计分析的结果来看，当代大学生在孝德思想上的认识并不是十分深刻到位，从整体上而言，绝大多数大学生的孝德思想是积极、向上的。当被问及“您是否了解父母的健康状况”时，86.1%的大学生表示“了解”。又如被问及“您认为老年人最易接受的护理方式”时，绝大多数大学生认为“家庭护理”是最易接受的，比例高达94.3%。可见，在当代大学生的孝德观念中，养亲

① 叶光辉、杨国枢：《中国人的孝道：心理学的分析》，重庆大学出版社2009年版，第359-367页。

依旧是人们孝顺父母最基本的道德要求。但是，当代大学生的孝德现状同时具有二重性，即在某些方面他们潜移默化地接受了中华传统孝德思想的影响，却又不可避免地表现出孝意与孝行的偏差，孝德实践与孝德意识产生了脱节。在问卷调查中，多项调查结果都证实了当代大学生中出现的孝德意识与孝德行为相矛盾的现状。数据统计分析显示，当代大学生孝德现状在知、情、意、行主要存在以下几种倾向，即认识片面化、感情空洞化、意识模糊化、孝行单一化等。

（一）认识片面化

当代大学生对中国传统孝德文化中关于养体、养志、顺亲、荣亲等孝德观念耳濡目染，接受正规学校教育和环境熏陶的时间也普遍较长。我们在调查问卷中设置了几道关于感恩他人的问题（表4-2），结果表明当代大学生的感恩教育还是要亟待加强和提高的。譬如，被问及“您对任何人都应该‘滴水之恩当以涌泉相报’”时，13.2%的大学生回答“不赞同”，21.7 %的大学生回答“不确定”，48.3%的大学生回答“比较赞同”，只有少数16.8%的大学生回答“非常赞同”，赞成态度不太明朗的比例已达到34.9%。又被问及“您对社会、对国家、对身边的一花一草一事一物都应持有感恩之心”时，3.1%的大学生回答“不赞同”，12.9%的大学生回答“不确定”，58.6%的大学生回答“比较赞同”，25.4%的大学生回答“非常赞同”。众所周知，在大学校园中，大学生自杀的事件仍然时有发生，这也反映出部分大学生在一定程度上对生命的漠视。《孝经》有云，“身体发肤，受之父母”，每一个生命个体的孕育和培育都是父母含辛茹苦的结果，当代大学生漠视生命的事件不断增多，在很大程度上是因为他们并没有懂得孝德的真正内涵，没能考虑父母因此要承受的痛苦。在中国现行的教育体制下，当代大学生无不经历过寒窗苦读十余载，父母也为此倾注了几乎全部心力来培养、呵护子女；再加上中国特殊的“421”家庭结构，特别是当代大学生独生子女居多，社会和家庭对他们的期望值普遍偏高，他们一般都承载着一个家庭甚至是一个家族的全部期望，父母好不容易将子女抚养成人，然而等来的却是子女自杀的噩耗，这给年迈父母带来的苦痛是常人所无法想象的，给整个家庭和家族所带来的伤害也是难以弥合的。

表 4-2 对人、社会、国家、花草事物感恩的态度

	所持态度	占比/%
您对任何人都应该“滴水之恩当以涌泉相报”	不赞同	13.2
	不确定	21.7
	比较赞同	48.3
	非常赞同	16.8
	所持态度	占比/%
您对社会、对国家、对身边的一花一草一事一物都应该持有感恩之心	不赞同	3.1
	不确定	12.9
	比较赞同	58.6
	非常赞同	25.4

值得一提的是，在很多问卷中，很多大学生选择“一般”来回答，从另一侧面可见当代大学生对于孝德问题的思考还是比较肤浅的。如他们在被问及“您最易接受的赡养老人的模式”时（表 4-3），55.7%的大学生回答“近居型赡养”，36.4%的大学生回答“同住型赡养”，也有少部分大学生回答“远居型赡养”和“去养老院”，分别占比 1.8%和 5.5%。可见，大学生们并不是不赞成赡养父母，而是在西方价值观念影响和现实社会养老制度的制约下，大部分人渴望有属于自己小家庭的私人空间，不愿意与父母同住一个屋檐下。同时，他们也深刻地认识到，虽然孝德包括尊重父母，履行子女对父母的责任，应该爱父母和报偿父母等方面的内容，但是子女绝对不是要一味或简单地服从父母，而是要勇敢地去追求人性的平等、自由等。

表 4-3 最易接受的赡养老人的模式

最易接受的养老模式	占比/%
近居型赡养	55.7
同住型赡养	36.4
远居型赡养	1.8
去养老院	5.5
其他	0.6

(二)感情空洞化

孝德是父代和子代之间最淳朴、最自然的真实感情流露。所谓孝敬，是指子女孝亲，晚辈敬长。其中，孝为行，敬为心。要真正做到孝顺父母，就必须带着心去孝顺，没有用心的孝是空洞的、贫乏的孝，无情感的孝在实质上也不是真正意义上的孝。在设计调查问卷时，我们对大学生有关孝德的情感认识做了重点调查，特意设置了比重较大的问题，便于我们真正了解当前大学生在孝德情感方面所达到的程度。数据显示，大学生在孝德情感上依旧有很大的不足。如被问及“您在家陪父母聊天的频率”(表 4-4)，22.0%的大学生回答“偶尔”，52.1%的大学生回答“经常”，只有 20.8%的大学生回答“每天”，还有少部分大学生回答“不会”，约占比 5.1%。

表 4-4　在家陪父母聊天的频率

您在家的时候陪父母聊天(频率)	占比/%
不会	5.1
偶尔	22.0
经常	52.1
每天	20.8

众所周知，沟通是情感交流的桥梁，是解决矛盾和缩短心理距离的最好方式。父母与子女之间存在着代沟是非常正常的，但是应该认识到只有通过交流沟通才有可能缓解代沟矛盾。1970 年，美国社会学家玛格丽特·米德的专著《文化与承诺：一项有关代沟问题的研究》出版，她对代沟问题做了最具说服力的阐释。所谓代沟，是指老一代与年轻一代之间在思想态度、价值观念、生活方式等方面存在的心理距离或隔阂。在孝德的理解问题上，亲子两代人之间也存在着代沟，即存在着在亲子关系上不同观点的对立和冲突。譬如，由于养亲一直是孝德中最为主要的内容，因此很多大学生对于孝德的观念只是停留在“养亲”上，认为只要在父母老去的时候在物质上养活他们就可以了，很少在情感上给予父母慰藉。事实上，在父母看来，孝顺不仅是要孝养，而且要更多地去了解父母的生活和情绪，在他们情绪低落时开导他们，帮助他们走出生活的

阴影和困境。特别是随着年龄的增长，父母都会出现一定的失落感，不少父母还会有离职、退休后的空虚寂寞感，此时的父母一般都会特别需要子女的陪伴与安慰，而此时的子女却大多出门在外求学或者工作，他们有着属于自己的学业和事业。如果子女陪伴在父母身边的时间越来越少，势必会使两代人在孝德问题上出现代沟，而这种代沟也只有通过亲子之间更多的情感沟通交流，才能慢慢地弥合消解。

尽管如今交通非常便利，通信也十分发达，但是在问卷调查中我们不难发现，不少当代大学生并没有充分利用便利的交通、通信方式与父母及时保持沟通和联系。如在被问及"您每个月主动给父母打电话的平均次数"时（表4-5），6.6%的大学生甚至是"0次"，还有46.1%的大学生只有"1~2次"，35.2%的大学生有"3~5次"，12.1%的大学生有"5~10次"。此外，我们还在调查中发现，很多大学生因离开父母在外求学，有足够的时间和自由安排自己的学习和生活，他们往往更重视自己身边的朋友和同学而忽略了自己的父母。只有经常保持与父母的沟通和联系，才有更多与父母交流思想与情感的机会，为进一步增进相互了解、密切亲子关系打下坚实基础。让大学生们懂得这些道理，才有可能更好改善亲子关系和孝德状况。

表4-5　您每个月主动给父母打电话的次数

每月主动给父母打电话次数	占比/%
0次	6.6
1~2次	46.1
3~5次	35.2
5~10次	12.1

从日常生活中一些我们认为的小事也能看出很多大学生在孝敬父母方面做得不是很好。譬如，当被问及"您是否记得父母的生日"（表4-6）时，15.6%的大学生回答"记得并精心准备庆祝"，64.1%的大学生回答"记得但并没有专门庆祝"，13.8%的大学生回答"记在纸上没记在心里"，还有6.5%的大学生回答"父母没说过我也没问"，有20.3%的大学生不记得自己父母的生日，令人深思。大学生虽然暂时还没有参加工作，没有自己独立的经济来源，但是在父母生日的时候，或是打一个祝福电话、发送一条祝福短信，或是送上一束鲜花、

自制的卡片，或是订一个精美的蛋糕，也花不了多少钱，重在表达自己对父母的浓浓爱意，以此拉近彼此心与心的距离，更加密切亲子关系。如果连自己父母的生日都不知道，那何谈牵挂父母、关爱父母？

表 4-6　您是否记得父母的生日

对待父母生日的态度	占比/%
记得并精心准备庆祝	15.6
记得但并没有专门庆祝	64.1
记在纸上没记在心里	13.8
父母没说过我也没问	6.5

(三) 意识模糊化

孝文化起源于父系氏族社会，形成于商周时期，在封建社会得到发展、繁荣并达到鼎盛时期。如汉初以孝治天下，移孝作忠，使孝德更加政治化；宋明理学又将孝德推向了极端化和愚昧化等。长期的封建专制统治，不可避免地使孝德打上了一些封建、落后、愚昧思想残余的烙印，特别是孝德在很长的时期内被统治者利用来巩固自己的阶级统治。在五四时期，孝德曾经遭受到全盘否定和猛烈批判。当代大学生在接受了良好传统孝德文化教育的同时，也受到了多种不同文化的冲击和影响。在思想认识上，他们一方面认为孝德是中国传统美德的一个重要组成部分，孝是子女对父母应该尽到的责任和义务，认可对父母的孝养、孝顺；另一方面，他们又认为孝属于一种传统落后的旧思想，在一定的程度上反对孝，忌讳谈孝，甚至有的大学生认为孝是封建的和愚昧的。在对待孝的态度问题上，他们莫衷一是，意识模糊。

在孝德教育调查问卷中，我们设置了一项问答题，问及大学生对《孝经》做何评价，以及个人认为怎样才能弘扬中华民族传统孝德时，有 20.3%的大学生回答从来没有看过此类书籍，因此无法对此做出评价。譬如，当被问及“是否愿意跟一个没有孝心的人交往”（表 4-7）时，有 2.3%的大学生回答“非常愿意”，5.7%的大学生回答“无所谓，无关人品”，两项相加可知有 8%的人至少不反对与不孝之人交往，31.8%的大学生回答“有点反对但也可接受”，表示“强烈鄙视并坚决抵制”的占比 60.2%。一个人的品德决定了他的生活质量和水平，同样也会对其人际关系产生深远影响。事实上，孝德作为中华传统美德中重要的德目，是非常值得大学生去好好培育的。试想，一个人连生养自己的父母都不能敬爱，又怎么能让他去爱人、尊重人呢？

表 4-7　您是否愿意跟一个没有孝心的人交往

大学生对待的态度	占比/%
强烈鄙视并坚决抵制	60.2
有点反对但也可接受	31.8
无所谓，无关人品	5.7
非常愿意	2.3

与传统社会相比，当今孝德已不再像以前那样具有至高无上的社会地位，人们也不再将孝德作为择偶、交友的重要衡量标准。尤其是当极端个人主义、拜金主义、享乐主义呈蔓延趋势时，大学生的世界观、人生观和价值观等都在不同程度上受到了影响，传统孝德意识开始模糊。如在大学生的思想意识中，大多以为赡养父母、满足父母的物质生活需求即为孝德，而对传统孝德的感恩意识、爱心思想等其他精神方面的内容，缺乏深刻的了解。因此，当这种作为孝养的浅层次认知与极端个人主义、拜金主义、享乐主义等思想发生矛盾和冲突时，大学生的价值观天平就会发生倾斜，在孝德问题上就会摇摆不定，容易受到周围环境的影响，此时也更易发生一些背离孝德的行为。当被问及“您是否对父母恶言相对”(表 4-8)时，大部分的大学生回答“不会”，占比 64.6%，然而仍有 31.5%的大学生回答“偶尔”，如果“偶尔”与“经常”“每天”三项相加，比例就高达 35.4%，说明大学生在孝知、孝行方面还是存在很大反差的。

表 4-8　您是否对父母恶言相对

对父母恶言相对(频率)	占比/%
不会	64.6
偶尔	31.5
经常	2.7
每天	1.2

真正的“孝”，除了要求在物质上做到能孝养父母以外，还需要做到孝敬父母，强调的是在精神上要尊重父母，要关心父母的精神生活，更要耐心倾听来自父母的教诲和关心，不能与父母发生口角，更不能与父母发生肢体冲突。所谓孝顺父母，不仅仅是指要赡养父母，在父母步入老年阶段时能满足父母在物质生活方面的需求，更为重要的是要关注父母的精神世界，让父母在老年时的精神生活更加丰富多彩，这才是孝德的最高境界。

(四)孝行单一化

孝德教育问卷调查显示，有的大学生不仅在孝德认识上存在着不足，而且在孝德行为上也不尽如人意。总体来看，他们的孝德意识薄弱，孝德意志不够坚定，在孝行上缺乏实际的行动和持久的行为。当被问及“您回家是否会主动帮助父母做家务”时(表4-9)，有8.2%的大学生回答“不会”，有35.1%的大学生回答“很少”，两项相加比例高达43.3%，也有42.9%的大学生回答“经常”，13.8%的大学生回答“每天”。

表4-9　您回家是否会主动帮助父母做家务

回家主动帮父母做家务(频率)	占比/%
不会	8.2
很少	35.1
经常	42.9
每天	13.8

又如被问及“您是否会为父母剪指甲、梳头、揉肩、洗脚”时(表4-10)，62.4%的大学生回答“很少”，只有18.4%的大学生回答“经常”，还有18.2%的大学生回答“不会”，回答“经常”和“每天”的两项相加，也只有19.5%，比例还是比较低的。思想是行动的先导，实际行动是思想意识的外在表现。孝顺不是停留在口头上的，而是在强调孝德意识的同时更注重在日常生活的行动，只有将孝知与孝行统一起来，才能做到真正的孝。

表 4-10　您是否会为父母剪指甲、梳头、揉肩、洗脚

为父母剪指甲、梳头、揉肩、洗脚	占比/%
不会	18.2
很少	62.3
经常	18.4
每天	1.1

很多大学生认为，在自己有经济能力的时候，给予父母经济赡养就可以了。他们更多关注的是自己的生活圈子，而且相比于父母来说，朋友在他们眼中显得更为重要。如被问及“当您遇到难题时的做法”（表 4-11），只有 18.8%的大学生回答“第一时间和父母交流”，42.1%的大学生回答“自己的事情都是找朋友倾诉”，31.9%的大学生回答“自己一个人独立解决”。

表 4-11　当您遇到难题时的做法

遇到难题时的做法	占比/%
其他	7.2
一个人独立解决	31.9
都是找朋友倾诉	42.1
第一时间和父母交流	18.8

当然，也有相当一部分大学生是害怕父母担心自己而善意地隐瞒自己的困难的。作为父母，他们既担心子女在学业上的压力，也担心子女在激烈社会竞争下的就业压力等，如果子女能够及时与父母沟通自己的学习和生活状况，就会减少父母对自己所产生的无谓担忧，这本质上也是一种孝行。总之，无论我们是在外求学或是工作，都应该经常和父母保持沟通与联系，尽量不要让父母为我们担心，这也是孝的真谛。

在调查问卷中，当被问及“您是否会参加爱心募捐、社会公益或志愿者活动”时（表 4-12），只有 2.2%的大学生回答“不会”、6.1%的大学生回答“不确定”，有 32.6%的大学生回答“偶尔会”，高达 50.4%的大学生回答“一定会”，二者相加即有 83.0%的大学生有参加志愿者服务的意愿，另外还有一部分大学生回答“以后会考虑”，约占比 8.7%。

表 4-12　您是否会参加爱心募捐、社会公益或志愿活动

对待参加爱心募捐、社会公益或志愿活动的态度	占比/%
不会	2.2
不确定	6.1
偶尔会	32.6
一定会	50.4
以后会考虑	8.7

另在被问及“您是否会施舍钱财给街头行乞的人”时(表 4-13)，有 16.5%的大学生回答“不会给”，有 11.6%的大学生选择“不太确定”，有 60.2%的大学生选择“遇到后偶尔会给”，有 11.7%的大学生选择“经常会给”。可见，部分大学生的爱心教育还有待加强。

表 4-13　您是否会施舍钱财给街头行乞的人

对待施舍给街头行乞的人的态度	占比/5
不会给	16.5
不确定	11.6
遇到后偶尔会给	60.2
经常会给	11.7

三、孝德教育问题的成因

孝德教育问题的成因是多方面的，本部分主要从宏观和微观两个维度进行孝德教育问题的成因分析。宏观成因主要在社会大环境的背景下具体展开，包括历史背景因素、现实环境因素和社会舆论因素；微观成因则从单个的组织、个体方面展开，主要包括学校教育、家庭教育和个人自身等因素。

(一)宏观成因

孝德教育问题存在的宏观成因主要包括政治因素、经济因素和文化因素等方面。之所以将其归结为宏观成因，是因为它们都是对孝德教育总体活动及全体社会成员发生影响的因素。

首先是五四运动等的影响，这是孝德问题存在的政治因素。五四运动时期，中国受到了西方文化的冲击和影响，很多中国人开始认为传统的东西都是落后的，中国传统文化包括孝德文化都受到前所未有的抨击和批判。毋庸置疑，中国传统孝文化经过历代封建统治者及御用文人的“改造”而一度成为维护封建秩序和统治地位的工具，其封建愚昧之风也有越演越烈的趋势，这给社会带来了不可忽略的消极影响。但是，在批判传统孝德文化时，其中一些合理的因素和科学的内涵也被全盘否定，这同样是不可取的。在五四运动时期，新文化启蒙者们虽然对传统孝德进行了批判，深刻揭露了孝的保守性和危害性，认为孝是封建专制的根基，它剥夺和压抑了年轻一代的个性自由和解放，客观上起到了维护封建专制统治的作用，但对建立现代的、新型的亲子关系也提出了一系列好的意见和建议，如父子平等、解放子辈等，这在很大程度上对人们的思想起到了启蒙和解放的作用。

其次是市场经济和经济全球化的冲击，这是孝德问题存在的经济因素。改革开放以来，随着我国社会主义市场经济的深入发展，各种新思潮与新观念不断地涌现，社会竞争日益激烈，人们的价值观也在逐渐发生变化。市场经济的一般特征，包括平等性、竞争性、法治性和开放性等，不仅在经济生活领域得到充分体现，而且还表现在政治、道德等其他生活领域。由于人的物质欲望随着经济的快速发展而不断膨胀，重物质轻精神的观念得到增强，人们更多地关注物质经济利益，追求个人利益和个人价值的最大化，势必导致道德观念失衡的现象。一些大学生的思想特别是他们的人生观、世界观和价值观，也在悄然发生变化，他们更多的是以自我为中心，注重自身利益，将人生的价值停留于物质的追求和经济利益的满足上，当涉及个人利益时不惜牺牲道德原则，这些观念与传统父母至上的孝德思想形成了对立与冲突。一部分大学生将人生的成功归结为赚到更多的金钱，获得最大的利益，“利”字当头，没有获益的事情也不愿意去做。

作为一种必然趋势，经济全球化是一把双刃剑，它不仅给中国经济的腾飞提供了发展机遇，而且给中国带来了西方的思想文化和价值观念，这种西方文化的渗透对我国意识形态领域产生了深远影响，给我国经济社会发展提出了严峻挑战。不同的价值观念造成了两代人之间沟通的障碍，使“行孝”变得更加不易。在西方，子女与父母的关系相对比较淡漠，子女成年后几乎不与父母在一起共同生活，父母也认为已完成了抚养子女的应尽义务；父母年老抑或没有生活自理能力时，就会主动地或被动地进入养老院，一般也不与子女一起生活，子女也没有赡养父母的法律义务。与中国的“家庭本位”“家人至上”、重视集体和家庭相比，西方更强调“个人本位”“个人至上”，比较轻视集体和孝德。这些西式思想观念也影响了一些中国大学生，以自我为中心的价值观念潜移默化地植入了他们的心中，他们在道德行为上的自我意识越来越强。特别是当今社会，提倡尊重个人，倡导独立人格，以取得个人成就为发展取向，子女将更多的精力用在追求个人价值的实现上，他们获取知识和经验的途径更加多样化，视野更加开阔，早已不是单纯地依靠老年人的口授身传，父辈不再是权威的象征，他们对父母的崇拜和敬畏也在逐渐减弱。

最后是舆论导向的错位，这是孝德问题存在的舆论环境因素。积极、健康、向上的社会舆论环境不仅可以鼓舞人、激励人和教育人，而且可以引领人正确地辨别真善美。然而，在当今社会，无论是文学艺术作品，还是社会舆论导向，都存在一些无视道德和社会效益、只求物质利益和经济效益的问题。如在一些影视作品中，随处可见子女对父母的大声呵斥，或为获取经济利益而放弃家庭，或忘恩负义、见利忘义等场景。特别是一些不讲孝德的社会现象和社会行为，在文学艺术作品中不仅没有受到应有的批判，反而在无形中得到了广泛宣传。营造一个崇尚孝德的良好社会环境与氛围，大众传媒有着不可推卸的社会责任和义务。通过传播健康向上的文学艺术作品，更多地宣传、报道践行孝德的人和事，弘扬孝德的价值和意义，这有利于为大学生孝德教育营造良好的社会环境。

（二）微观成因

孝德教育问题的微观成因主要围绕学校教育、家庭教育和个人因素展开。人们的孝德思想、观念以及对孝德教育的态度，无不是在现实的、具体的社会关系中形成和发展起来的。不同的微观环境，也会对孝德教育产生不同的直接影响。

首先是学校孝德教育重视不够、内容较为匮乏和方式手段过于单一。一是孝德重视不够。重智轻德是中国式教育的一个普遍现象，就是比较重视文化理论知识的学习和考试成绩的提高，而忽略了动手能力的培养和综合素质的提升。中国传统文化并未真正走入课堂，如在问卷调查中，20.3%的大学生表示没有看过《论语》《孝经》等经典书籍。二是孝德教育内容较为匮乏。从社会发展的要求来看，学校是专门教育人、培养人的场所，学校的教育教学活动更是有目的、有计划、有组织的活动，因而对人们思想品德的形成和发展更具有指导性。为了使教学内容更好地让学生接受，有计划、有目的地组织一些教学活动，以全面提高学生的人文知识和品德情操，使学生无论是在文化知识还是道德人格上都成为一个健全的人，但是学校教育中有关孝德教育的内容较为匮乏。三是孝德教育方式手段过于单一。长期以来，学校的孝德教育的方式简单、手段单一，与现实生活较为脱节，学校也很少组织各种形式生动的孝德教育活动，以促使学生践行孝德行为，大学思政课堂也是如此。如教育者一味地教导学生要孝顺尊敬父母的理念，却忽视了如何引导学生去孝顺父母，没有教导学生要重视生活细节和身边小事，很多大学生虽然在思想上认识到了应该要孝顺父母，在行动上却没有这么做，或是做了却没有做好。这样的孝德教育方式，必然会导致大学生孝德认知和孝德行为的背离。

其次是家庭教育情感缺乏和方式失衡。随着人们物质生活水平的提高，当父母的都希望子女能受到良好的教育，不少学生从小就被送往寄宿学校，课余时间也大多数被各种补习班所占用，他们与父母的思想和情感交流较少。与此同时，大多数家庭一般都是父母忙于工作和生计，没有太多的时间和精力与儿女进行沟通交流，亲子关系容易紧张。此外，现代社会中离婚率也呈现出不断上升的趋势。单亲大学生虽然并不缺乏家长的关爱，但是却缺乏家庭的温暖，他们与父母的关系较为冷淡，与同龄人之间的关系更为亲密，当遇到困难或者是有心事时朋友成为他们首选的倾诉对象。正如在问卷调查中数据所显示的那样，当大学生遇到难题时他们第一时间想到和父母沟通求助的比例相当少，只占比 18.8%。如在某些家庭中，由于父母一味地宠爱自己的独生子女，子女们早已习惯了父母的溺爱，甚至觉得父母对自己的爱是理所当然的，他们没有为父母考虑的习惯，更谈不上理解父母了，稍不如意就会对父母产生怨恨；也有父母望子成龙、望女成凤心切，对子女给予了很高的期望，对子女的要求非常严厉和苛刻，当子女无法达到自己的目标和期望时，就会辱骂和殴打子女，从而使子女对父母产生恐惧、排斥心理或报复情绪。这两种极端的家庭教育方式是目前中国式家庭所呈现的较为典型的两种代际状态，这种情况下亲子之间不可能得到很好的沟通和交流，共同语言的缺少会形成一种无法逾越的鸿沟，导致子女与父母之间产生矛盾和冲突。家庭孝德教育缺少正确引导，是当代大学生孝德失范的又一重要原因。

最后是以自我为中心和自控能力薄弱，这是个人自身的因素。随着改革开放的深入发展、社会主义市场经济的建立和完善，以及信息网络化趋势的不断增强，西方社会思潮传播更为便利。受其影响，大学生在思想上更易习惯以自我为中心，自我意识也比较强，而父母在家庭生活中往往习惯于迁就子女，致使子女的自我评价过高、自控能力偏弱。当代大学生大多数是独生子女，不少人在家里受父母宠溺，甚至是被宠成了“小皇帝”或“小公主”，他们只会用自己的观点、站在自己的角度和立场去认识事物，不会学着用别人的眼光和他人的立场看待问题，表现为一种自尊自傲与自卑自私的矛盾、自我主体意识过分强烈、对他人或公共事业漠不关心等。部分大学生在父母不顺应其意愿时，会认为父母不理解自己，与父母发生矛盾和争执，甚至会做出一些不孝之举。

第五章

孝德教育的内容

孝德教育是以孝德为基础但又有别于孝德的一个概念。孝德是一个以子女孝敬父母、晚辈敬重长辈为主要内容的重要德目，它有狭义、广义之分。狭义的孝德是以父母为对象的，是一种“私德”；广义的孝德是在“孝”的基础上形成的一系列基本规范，是个人安身处世之道和社会道德之基，是一种“公德”；狭义孝德是广义孝德的基础，广义孝德是狭义孝德在修齐治平上的拓展。① 孝德教育是一项自古以来就有的、伴随人类生产发展始终的实践性活动。那么，到底什么是孝德教育呢？孝德教育也有广义与狭义的区别：我们通常所理解的是狭义的孝德教育，它是整个公民教育的基础；广义上的孝德教育是以感恩、亲情、生命、爱心和责任等为主要内容的教育活动。所谓孝德教育的内容，是教育者为了达到增强孝德意识、培养孝德品质的目的，向受教育者阐明的有关孝德的知识、理论、观点，是教育者与受教育者相互联结的一种中介。孝德教育具体可分为四大内容，主要是感恩教育、亲情教育、生命教育和爱心教育等。四大内容之间既有密切的联系，又有一定的区分，它们之间相互影响、相互制约、相得益彰。

① 李晶：《孝道文化与社会和谐》，中国社会出版社 2009 年版，第 102 页。

一、感恩教育

感恩是中华民族的一种传统美德，一个懂得感恩的人会自觉地回报他人与社会。所谓“乌鸦反哺，羔羊跪乳”“滴水之恩，涌泉相报”，讲的都是这个道理。如果通读《孝经》全文，我们就不难发现，中国传统儒家在《孝经》中是高度重视感恩教育的，不仅教导人们要感谢父母之恩，即要感谢父母的生育之恩、养育之恩、培育之恩等，而且教导人们要感谢君主之恩，如要感谢君主的水土之恩、知遇之恩等。感恩教育是贯穿于《孝经》始终的，这为我们丰富和发展孝德教育提供了条件和可能。

（一）孝德与感恩

孝德观念之所以对一个人的品德养成和价值观确立具有决定性作用，是因为孝德观念蕴含着原始的回报、感恩、互惠的自然哲学和道德哲学理念。古人云，为人生在天地之间，有四恩，即“感天地盖载之恩，日月照临之恩，国王水土之恩，父母养育之恩”①。在中国古代社会，人们将所能获得的一切都归功于神灵庇佑，实际上反映了人们对天地、祖宗、万物生灵的感激之心。“父兮生我，母兮鞠我，拊我畜我，长我育我，顾我复我，出入腹我”②，寥寥数语，唱出了父母含辛茹苦地抚育儿女的艰辛情景，也唱出了子女对父母的感恩之情。类似表达感恩的名人、名言、名篇不胜枚举，如《朱子家训》有“滴水之恩，涌泉相报”；《征调曲》说“落其实者思其树，饮其流者怀其源”；孟郊的《游子吟》有“谁言寸草心，报得三春晖”；杨宝救黄雀遇衔环庇佑；魏颗存善念得结草之报等。无论是儒家的“孝”，还是秦汉之后的“孝德”，都包含着浓厚的感恩意识。可怜天下父母心，子女从出生开始就受到来自父母无微不至的关爱和呵护，父母无私的付出理应得到子女对应的感恩和回馈。这是子女在面对父母无私付出时应有的、真实的内心感受。提倡孝德，鼓励人们注重关爱父母，有利于个人感恩意识的培养和社会感恩氛围的形成。一个人活着不只是为自己而活着，由

① 《西游记》第三十七回。

② 《诗·小雅·蓼莪》。

于一些千丝万缕的情愫，使得人在某种程度上乐意为别人活着，不得不为别人而活着，而“恩情”便是其中的一种情愫。

子女对父母的孝德，就是来源于对父母的感恩，来源于对父母的爱。感恩是孝德得以产生的心理基础，孝德则是感恩的现实表现和必然结果。孝德是人世间最高尚的感情，因为孝德的本质是爱，即对父母的爱、对社会的爱。没有子女对父母的爱就不会有孝德，同样的道理，没有孝德也就不能体现出子女对父母的爱，不孝之人连自己父母都不爱，何以爱他人，更何以爱世人？感恩是从孝德开始的，子女对父母感恩的同时也就是在向父母表达孝。所谓感恩，是指对别人所给的帮助表示感激，乐于将得到好处的感激呈现出来并回馈他人。感恩是对自然、社会和他人给自己的恩惠方便由衷认可，并真诚回报的一种认识和情感。感恩是一种高尚的行为，它是连接人与人心灵沟通的纽带，是相互理解和交流的桥梁。小到人与人，大到国与国，感恩是一种人之所以为人必不可少的优良品质。我们今天建设社会主义和谐社会，积极倡导感恩意识和感恩行为，有利于增强中华民族的凝聚力和向心力，提高国家的核心竞争力，使全民族、全社会能共同努力建设美好家园。

（二）感恩教育的概念

子曰：“自古皆有死，民无信不立。”①其实，人不知感恩也不可立。感恩是做人的基本素质，也是一个人应有的道德底线。感恩既是一种生活态度，也是一种道德品质。在全社会开展感恩教育，不能拘泥于形式，而应当让大众做到内化于心、外化于行，从感恩父母做起，从身边小事做起，从现在做起，从我做起。然后再以此为基点并扩散开去，“老吾老以及人之老”，将感恩之心延伸至社会。这不仅有利于社会道德教育的有效开展，也有利于个人世界观、人生观、价值观的形成，以及个人性格的完善。感恩意识是人们得到他人、社会所提供的帮助后，针对特定对象建立联系并伺机回报，以求内心慰藉和需求满足的一种主观感受，它是一种普遍存在的基本道德情怀，也是感恩行为得以发生的思想前提。昔日多方求助，一方帮助；今日一方有难，八方支援。不论古今，中国人都是非常讲究感恩情怀的，在中国文化中恩人的分量都是极其重的，这也是中国人感恩情怀的具体表现。

① 《论语·颜渊》。

何谓感恩教育？宁波大学的陶志琼认为“感恩教育是教育者运用一定的教育方法与手段，通过一定的感恩教育内容，对受教育者实施的识恩、知恩、报恩和施恩的人文教育”①。借鉴并综合学者们的观点，我们可以这样来理解感恩教育：它是教育者运用一定的手段和方法，对受教育者有目的、有计划、有组织地实施影响，引导受教育者知恩于心、报恩于行的活动过程。这是一种以情动情的情感教育和以德报德的道德教育，更是一种以人性唤起人性的人文教育，并成为思想道德教育的一个主要和基本内容。

首先，感恩教育是一种以德报德的道德教育。感恩教育的目的在于培养人们关爱他人、互帮互助、与人为善的优良道德品质，从而唤醒人们心中的美德和良知，从而使人人性向善、胸襟开阔。感恩教育遵循思想道德品质形成和发展的客观规律，通过提高人们对识恩、知恩的道德认知，并将这种道德认知升华为道德情感和道德意志，从而引导人们形成坚定的道德信念，最后通过报恩、施恩等见之于行的方式将道德信念转变为良好的道德习惯，养成优秀的道德品质。

其次，感恩教育是一种以情动情的情感教育。感恩作为子女对父母的一种原始真情，是人类一切亲情、友情和爱情的情感基础。作为思想道德教育的重要组成部分，情感教育主要关注受教育者的态度、情感、信念和情绪，关注受教育者的个人发展和社会发展，特别是超越受教育者个体以关注他们与他人之间的关系效果，使人际关系和社交技能成为情感教育的核心。既然感恩是其他道德情感的基础和前提，那么，就可将情感教育的着力点从重于行的硬性的“规则教学”“行为规范教育”，转移到偏于情的“感恩教育”上来，用他们所受之“恩”来启迪他们的思想、美化他们的心灵、陶冶他们的情操，用“与人为善”来擦亮他们智慧的双眼，净化他们的灵魂，最终实现感恩教育的根本目的——培养合格的公民。

最后，感恩教育是一种以人格完善为目的的人性教育。感恩反映了个人良知，体现了人性的真善美，是人性中应然的内容。一个人要是没有感恩意识，从某种程度上可以说他的人格是不健全的。人若不感恩父母，极易形成自私自利的性格缺陷；人若不感恩社会，也更容易被不法之徒所蛊惑，走上不归路。所以，感恩教育归根到底是一种人性教育，它可培养人们的感恩认知、感恩情

① 陶志琼：《关于感恩教育的几个问题的探讨》，《教育科学》2004年第4期，第9页。

感，进而引导人们形成积极向上的感恩意志和信念，不断提高“向善”的境界，从而关注社会、热爱自然、珍爱生命，以感恩的心态和行为回报他人和社会，使感恩成为自己做人的基本原则。

（三）感恩教育的内容

感恩教育的内容，主要包括感父母养育之恩、感师长教导之恩、感社会再造之恩、感自然赋予之恩等几个方面。

其一，感父母养育之恩。我们的父母，是我们一生中最大的恩人，他们不仅赋予了我们宝贵的生命，而且将我们养育成人。这种恩情是我们一辈子都报答不完的。一方面，感恩父母生养之苦。我们呱呱坠地之时，就承载了父母的殷殷期盼。可曾知道母亲十月怀胎，一朝分娩的辛苦与艰辛。自小生命诞生之始，我们就享受着父母无微不至的关心与爱护，用情至深，感人肺腑。父母给予了我们生命，含辛茹苦抚育我们长大，作为子女，我们首先要做到爱惜生命、注意身体、健康成长，这是奉行孝道最原始的要求。正如《孝经》所说：“身体发肤，受之父母，不敢毁伤，孝之始也。”另一方面，感父母培育之功。父母不仅赋予了我们生命，还教育我们成人成才。作为孩子的第一任教师，父母的一言一行都对子女的成长意义重大。父母的言传身教，对子女的影响是潜移默化、深远持久的。伟大的父母，陪着我们蹒跚学步、牙牙学语；教会我们诚实守信、真诚待人；启发我们明辨是非、认识世界。“望子成龙，望女成凤”，是天下所有父母对子女的殷切期望，而要将自己的子女培育成人中龙凤，父母势必要花更多的时间和精力，倾其所有、竭其所能地为子女创造更好的物质条件和教育环境。父母为了培育我们成人成才，真正是倾其所有，我们有什么理由不拼尽全力展宏图之志呢？而在现实生活中，不乏一生碌碌无为、仰仗父母生活的“啃老”一族，也不乏终日沉溺于网络游戏不能自拔的大学生，他们这样如何对得起父母的辛苦呢？我们应感恩父母的付出，刻苦学习专业知识，提升自己的业务素养；加强自身的品德修养，与人为善；积极争取在岗位上有所发展和成就，努力立足岗位建功立业。

其二，感师长教导之恩。师长在我们的成长过程中也起着非常重要的作用，所谓生我者父母，育我者老师也。老师引领我们步入知识的殿堂，训练我们的气质和思维方式，培养我们的兴趣爱好，教会我们做人的道理，给我们答疑解惑。尊师敬长是中华民族的传统美德，也是文明礼仪的一个重要方面。然而，现实生活中学生对老师感情麻木、误解顶撞的现象时有发生。譬如，在课堂上埋头玩手机，将老师的教诲当作耳旁风；课间与老师相遇不点头问好，视同陌路；认为老师答疑解惑是理所当然，从不表示谢意；更有甚者，不服老师的教导，出言不逊、恶意中伤甚至暴力相对。其实，感恩师长在我国是有优良传统的。如《弟子规》作为中国历史上第一个学生守则，对尊敬师长有了严格的规定，所谓“弟子入则孝，出则悌”，就是说在家里要孝顺双亲，步入社会则要尊敬师长。各行各业，都有师长带领我们学习本领、提高素养，我们应当像毛泽东当年尊重、敬仰他的老师徐特立那样，来尊重、感激我们自己的师长。

其三，感社会再造之恩。马克思在《关于费尔巴哈的提纲》中明确提出：“人的本质不是单个人所固有的抽象物，在其现实性上，它是一切社会关系的总和。”①人具有社会性，不可能脱离社会而存在。社会是有恩于我们每个人的，我们每个人都生活在相互作用、相互影响的社会大环境中，从中可以得到所需的生存条件和发展机会，这是社会大环境给予我们的温暖与保护。试想，如果没有社会成员之间的施恩与感恩，社会将会怎样维系下去？古代先哲们都对社会、对国家饱含感恩回报之情，如孟子的“天下之本在国，国之本在家，家之本在身”②；北宋范仲淹的“先天下之忧而忧，后天下之乐而乐”；明清顾炎武的“天下兴亡，匹夫有责”等。作为社会的一分子，在我国全面建成小康社会正向着全面建成社会主义现代化强国的第二个百年奋斗目标迈进的新时代，理应为社会贡献自己的力量。个人利益与集体利益、国家利益在根本上是一致的，个人的积极进取、努力贡献将推进社会的进步与发展，而社会的进步与发展又将给个人带来更加丰富的物质文明和精神文明成果，为个人满足其自身利益；个人利益的实现，又会提高个人的积极性而促使个人投身于社会主义现代化建设之中。个人利益与集体利益相统一的关系，鼓励着我们感恩社会，感恩祖国，不断增强社会责任感。我们应常怀一颗感恩之心，感恩社会给了我们优越的生活和学习条件，让我们无忧无虑地健康成长；感恩时代给我们提供“天高任鸟飞，海阔凭鱼跃”的活动空间，让我们在信息网络化时代背景中发光发热。一个对社会、祖国有感恩之情的人，才是一个有责任感的人，才会用感恩的心去面对生活，他的人生才会更加精彩。

---

① 《马克思恩格斯选集》第 1 卷，人民出版社 2012 年版，第 135 页。

② 《孟子·离娄上》。

其四，感自然赋予之恩。生命的孕育和形成是一个历史过程，从无机物到有机物，从单细胞生物，经多细胞生物，到哺乳类动物，再到人类这个万物之灵长，既是漫长的生物进化史，也是渐进的人类进化史。但无论人进化到何种程度，现代人类文明发展到何种高度，人来自自然界且依赖于自然界的事实是永远不变的，人永远是自然界的一部分。没有自然的恩泽，人类便是无源之水和无本之木。大自然为人类提供了无限的生存空间和生产资源，生命在土里，在水中，甚至在空中都能得以繁衍生息。中华民族自古以来便有尊重自然、感恩自然的传统。譬如，有虞氏帝舜，伯益知禽兽；商汤狩猎，网开三面；管仲治国，环保“四禁”；孟子仁政，斧斤以时入山林等。古代保护自然，感恩敬畏自然的例子不胜枚举。古人一直提倡天人合一，主张人类的发展要与自然规律相协调，只有可持续发展才能实现人与自然和谐共存，这一道理至今没有过时。

二、亲情教育

亲情教育是孝德教育中最为基本、不可或缺的内容，也属于狭义上的孝德教育。

(一)亲情教育的概念

要界定亲情教育，首先须厘清亲情的内涵与外延。与友情、爱情一样，亲情是人类最美好的情感之一，通常是以血缘为基础和纽带的，具有生物学上的遗传特性。所谓亲，即父母双亲的意思，也包括兄弟姐妹等有血缘关系的人。所谓亲情，狭义上是指有血缘关系的人之间存在的感情，广义上是指与交往密切、感情深厚的人之间的情义。可见，亲情不仅仅存在于有血缘关系的亲属之间，而且还可包括本无血缘关系但因交往密切、感情深厚而产生的情感依赖关系。根据亲情的含义，我们可以将亲情分为如下几种类别：一是子女与父母之间的感情。自古以来，子女对父母的感情都是不变的，这称之为“孝”或者“敬”，所谓“身体发肤，受之父母，不敢毁伤，孝之始也。立身行道，扬名于后世，以显父母，孝之终也。夫孝，始于事亲，中于事君，终于立身”①。因此，子

① 《孝经·开宗明义》。

女对父母的孝顺与敬爱，以及父母对子女的关心与爱护都是子女与父母之间感情的内容。二是兄弟姐妹之间的感情。在中国古代，兄弟之间的感情关系被称为“悌”。在《孝经》中孔子是这样说到“悌”的重要性的，所谓“教民亲爱，莫善于孝；教民礼顺，莫善于悌”①。意思就是说要教导民众讲礼节恭顺，没有比讲敬爱兄长更好的办法了。三是师生之间的感情。所谓“一日为师，终身为父”，这是师生情转化为亲情的最真实写照，老师对学生的付出与期待其实并不比父母少，学生对老师的情感依赖也是一生一世的，因此，师生之间的感情也是可以转化为亲情的。四是个人或集体对家乡、祖国的感情。一个人、一个集体对家乡、祖国的感情，也是一种亲情的表现。余光中的《乡愁》，就生动地再现了这种浓浓的亲情。所谓“小时候，乡愁是一枚小小的邮票，我在这头，母亲在那头。长大后，乡愁是一张窄窄的船票，我在这头，新娘在那头。后来啊，乡愁是一方矮矮的坟墓，我在外头，母亲在里头。而现在，乡愁是一湾浅浅的海峡，我在这头，大陆在那头”。

亲情是一个人善心、爱心和良心的综合表现，孝敬父母、尊敬长辈，是我们做人的本分，也是一种天经地义的美德，还是其他系列优良品德形成的前提和基础，因而历来受到人们的称赞和重视，认为拥有亲情是一个人获得幸福、成功的秘诀。如果要将亲情这种美好情感传递给所有的人，让每个人都可以享受到亲情并从中得到愉悦的精神享受，那么自然而然就会产生一种实践活动——教育。所谓亲情教育，就是教育者选择有关亲情的内容和主题，采取适当的途径和方法，对教育对象实施有目的、有计划、有组织的影响，使教育对象形成符合一定社会、一定情感所需要的实践活动。

（二）亲情教育的内容

亲情教育的内容可从家庭、学校、社会等层面进行归纳和概括，主要包括孝心教育、报恩教育、尊重教育、理解教育、忠诚教育、沟通教育、关爱教育等。

1. 家庭亲恩教育

所谓家庭亲恩教育，主要是针对家庭成员之间的感情融洽状况和亲密程度

① 《孝经·广要道》。

进行改善、提升，帮助家庭成员享受更和谐美好家庭生活的实践活动。家庭亲恩教育主要是围绕孝心教育、报恩教育来具体展开。

一是孝心教育。从孝德观念的产生和发展过程中，我们不难发现，“事亲”“敬养父母”这些孝亲的原初内容是与孝德相伴始终的。早在先秦时期，就有《孝经》《论语》《礼记》等伦理道德方面的经典供人们学习、传颂，告诫人们要心怀父母、感恩父母，用实际行动来孝顺、爱护父母，这是亲情教育存在的最重要的意义和价值，也是亲情教育的原初内容和形式。随着社会历史的发展与时代的进步，人类从来没有摈弃亲情及其教育。目前我们开展孝心教育，其实就是要采用切实有效的方法，让人们真切感受到作为父母、长辈对子女、后代的付出与辛劳，特别是深切地体会到父母养育子女在精神、物质层面上的不易与艰辛，以具体实际行动孝顺父母。

二是报恩教育。人之所立，德者为先。《大学》有云：“大学之道，在明明德，在亲民，在止于至善。”虽然明明德、亲民、止于至善成为统领《大学》的“三纲领”，但做人必须先立德，立德必须学会感恩。从历史上来看，中国传统儒家文化存在着浓厚的报恩情结，所谓“忠为报君恩，孝为报亲恩，节为报夫恩，义为报友恩”，其中的忠、孝、节、义虽然表现形式各不相同，但其内在核心无不蕴含着鲜明的感恩思想，即都是以双方之间的恩情为基础的，这些都是中国传统孝文化重视培养人的感恩意识的实证。此外，诸如强调“滴水之恩，当以涌泉相报”“知恩不报非君子”，唾弃“忘恩负义之人”，痛恨“恩将仇报之徒”，《战国策》中所说的“人之有德于我也，不可忘也；吾有德于人也，不可不忘也”①等，古人的这些警句无不都在强化知恩、报恩的道德观念。

2. 师生敬爱教育

作为一种真挚的亲情存在，师生情也是人类社会生活中一种常见的美好情感。古有“一日为师，终身为父”之说，并不是一句束之高阁的警句，而是我们在人类社会发展过程中对教师这个神圣职业特有的尊重与理解，是对教师无私付出与辛劳给予的真情流露和表达。正如唐代韩愈在《师说》中所说的“师者，所以传道受业解惑也”。教师是我们前进的铺路石，也是我们远航的指路明灯。这种师生之间的敬爱教育，可以围绕尊重教育和理解教育两个方面来具体展开。

---

① 《战国策·魏策四》。

其一，尊重教育。就其内涵来说，尊重教育可以概括为几个方面：一是尊重教育规律。尊重教育首先是要尊重教育的内在规律特别是人才的成长规律，主要指教师要按照客观教育规律而不是按照个人主观愿望去开展教育教学活动，要善于发现人才，创造条件去培养人才。对客观教育规律的尊重是对教育的最大尊重。二是尊重教育对象。就是要尊重学生身心发展的特点和规律，尊重学生的人格与人性，尊重学生的个性发展，以及学生的独立性、选择性和创造性。三是尊重教育者。就是要让教师成为社会上最令人羡慕的职业。就其本质来说，尊重教育是指师生双方在互动的过程中要互相尊重。一方面，学生要尊重教师，尊重教师的教学成果、人格及习惯；另一方面，教师也要“有教无类”，尊重学生的个性、人格及学业成绩水平，不能差别对待。师生之间的相互尊重可以在师生之间形成一种和谐状态，可以提升人的地位和生命质量，使师生拥有各异的生命意义和共有的发展空间。此外，如果我们以人为主体，以尊重的对象为客体，则可以将尊重分为尊重自然、尊重他人、尊重自我，这种尊重教育就是教育人们学会尊重自然规律，学会尊重他人的人格和尊严，学会自尊自重。就其实践来看，尊重教育可以从尊重的理念出发，尊重教育规律和人才成长规律，尊重受教育者人格和身心发展规律，尊重教师的知识和劳动。

其二，理解教育。美国总统威尔逊的“理解绝对是养育一切友情之果的土壤”，印度诗人泰戈尔的“爱是理解的别名”等，探讨了理解的重要性，以及理解与爱、友谊的关系。师生之间达到相互理解也是非常重要的，因为绝大多数人都会在学校接受正规教育，学生理解教师、教师理解学生肯定会促进双方的情感沟通。师生之间的理解教育可概括为：一是学生需要理解教师的期望。教师对学生的期望不是一蹴而就的，而是根据学生的平时表现并在进行阶段性评估之后产生的一种心理预期，教师对学生的期望直接影响到教师对待学生的态度，而学生的态度又反馈给教师，影响教师的期望，两者是可以相互促进、相互转化的。因此，当学生正确理解教师的期望后会更加自觉地规范自己的行为，从而与教师达成平衡的互动状态。二是教师理解学生的需求。学生在学校学习时的需求是多种多样的，他们需要有良好的人际关系，尤其需要得到教师的关爱和尊重，这些需要不是教师能在短时间内就可以关注到的，所以就需要主动理解，从而更好地与学生互动，促进学生健康成长。

3. 祖国认同教育

个人或者集体与祖国之间是有感情依赖的，这种感情也是一种亲情。曾经有无数的文人骚客将祖国尊奉为自己的“母亲”，认为祖国像母亲一样从出生的那天开始就在养育着自己、呵护着自己、保护着自己。“有国才有家”，这也是我们每一个中国人时刻能感受到的体验。这种对祖国的情感是人们在长期生活中逐渐形成的对自己祖国的一种依存关系，是人们对自己故土家园、民族文化的归属感、认同感、尊严感和荣誉感的统一。我们生活在中国，只有在思想、灵魂和信念深处永远地认同祖国，才不会辜负祖国对我们的培养与期待。这实际上就是一种爱国主义情感。那些忘记亲情的人，忘记自己在会走路之前是在摇篮里度过时光的人，那些虽然身受父母养育之恩却对自己父母冷漠无情的人，是不会有崇高的爱国主义情感的。正如苏霍姆林斯基所说，如果在家庭和学校里都充满一种尊敬父(母)、祖父(母)、外祖父(母)的气氛，那么爱国主义情感和信念的源泉便会清澈长流；一个孩子如果连自己的妈妈都不爱，他(她)是不会爱人民、爱家乡、爱祖国的。祖国认同教育主要包括忠诚教育、信念教育等方面内容。

其一，忠诚教育。对祖国的深厚情感首先表现在我们对祖国的无限忠诚上。正如孔子所说：“君子之事上也，进思尽忠，退思补过，将顺其美，匡救其恶，故上下能相亲也。《诗》云：‘心乎爱矣，遐不谓矣。中心藏之，何日忘之。’”[①]我国当代的忠诚教育可从三个方面展开：一是对党忠诚；二是对国家忠诚；三是对人民忠诚。

其二，信念教育。信念是意志行为的前提和基础，是个体动机目标与整体长远目标的结合与统一，没有信念的人就不会有意志，更不会有积极主动性的行为。信念是一种心理机能，它对人行为的作用形式是激发人们潜在的精力、体力、智力和其他各种能力，以实现与基本需求、欲望和信仰相应的行为。对祖国的认同必须有一种信念作支撑，我们每个人都爱自己的家庭和亲人，若能将国家视为自己的家庭，并有信心将国家“治理”好，那我们的国家就是一个其乐融融的大家庭了。所谓“夫孝，始于事亲，中于事君，终于立身”[②]。做一个对国家有情有义的大丈夫，一方面要侍奉好自己的父母双亲，另一方面要献身于国家，只有这样才能立身天地，显亲扬名。我国当代的信念教育可从如下方面开展：一是对马克思主义的信仰；二是对社会主义的信心；三是对中国共产党的信任。

---

① 《孝经·事君》。

② 《孝经·开宗明义》。

三、生命教育

生命是所有孝德活动的物质载体，孝德教育的价值是通过人的生命存在来体现的。生命教育不仅关乎个体生命的延续，而且还关乎整个人类的繁衍和社会的运行。《孝经·开宗明义》就有“身体发肤，受之父母，不敢毁伤”的内容，珍重个体生命是孔子的基本生命观。生命教育本质上是对个体生命自由成长的人文关怀，体现了以人为本的孝德教育内涵。

(一)生命教育的概念

生命教育既是一切教育的前提，也是教育的最高追求。首位生命教育的倡导者是美国的杰·唐纳·华特士(J. Donald Walters)，他于1968年在加州创建阿南达学校并开始推行生命教育，主要是针对当时社会上普遍存在的青少年自杀、人际关系危机等问题。生命教育的概念，最早是由澳大利亚的特德·诺夫斯(Rev. Ted Noffs)于1974年针对青少年吸毒致死问题而明确提出的，他于1979年在悉尼建立了旨在防止药物滥用、暴力与艾滋病的“生命教育中心”(life educational center，LEC)。自20世纪八九十年代以来，日、英等国一直大力倡导与推行生命教育，许多学术团体纷纷建立，各种书籍、音像资料先后出版发行，相关政策陆续颁布实施，取得了显著成绩。

作为一种新兴的教育活动，生命教育以生命为核心，以教育为手段，倡导认识生命、珍惜生命、尊重生命、超越生命，从而提升人的生命质量。生命教育有广义和狭义之分：狭义的生命教育，是指对生命本身的关注，由个体生命扩展到一切自然生命；广义的生命教育，则既包括对生命的关注，也包括生存能力的培养和生命价值的提升。① 综合学者们对生命教育的相关论述，我们认为所谓生命教育，通常是指广义上的，就是关于对生命的教育，是教育者以人的个体生命为基础，以处理人的生命与自身、他人、社会、自然的关系为基本内容，选择并运用有效的教育方式，帮助受教育者唤醒生命意识、欣赏生命美好、探求生命意义、建构生命信仰、提升生命质量的实践活动。

---

① 赵红、范瑞婷：《生命教育扬帆起航》，《中国教育报》2011年07月14日，第07版。

人类自古有珍爱生命的人文教育传统。无论是中国传统儒家“内圣外王”的道德理想，还是古希腊的儒雅教育、苏格拉底的美德教育，以及柏拉图的理想人教育，都反映出当时人们对个体生命道德价值的高度重视。每个人都要善待自己的身体和生命，因为这是父母给予我们的，每个人的身体都是父母生命和人类生命的延续，善待身体和生命是孝顺父母的基本要求，也是对父母的尊重和敬爱。对生命教育的重视，也是我们开展孝德教育的题中应有之义。

(二)生命教育的理论依据

生命教育的有效开展，建立在一定的哲学基础之上，即以哲学理论为行动指导。以马克思主义生命观为理论指导，以中西方先哲们有关生命哲学的思想为理论借鉴，有助于生命教育的顺利进行和深入发展。

首先是马克思主义生命观。一是生命的本质在于人的社会存在。马克思主义认为，生命的本质是建立在自然存在基础上的社会存在。虽然人的生命与其他生命并没有本质区别，都要遵循自然规律，但是人的本质是一切社会关系的总和，人不是孤立的个体存在，而是要依赖于在与他人的交往活动中建立各种社会关系，最终表现出一种社会存在。二是生命的价值在于社会奉献。马克思主义特别强调，人的生命价值是在奉献社会中不断实现的，人的社会性本质决定了人的生命价值在于奉献社会而不在于个人索取。马克思主义认为，人生命的归宿是实现人的自由而全面发展，在于通过尊重每个人的个性，有效地激发人的潜能和创造力，最终实现每个人的生命价值。以此为标准，判断死的意义也各不相同，有人轻于鸿毛，有人重于泰山；“有的人活着，可他却死了；有的人死了，可他却活着”(臧克家语)。三是生命的目的是全心全意为人民服务。以广大人民群众为生命主体，是马克思主义的一贯主张。马克思和恩格斯早就指出，“无产阶级的运动是绝大多数人的，为绝大多数人谋利益的独立的运动”①。毛泽东特别强调共产党“这个队伍完全是为着解放人民的，是彻底地为人民的利益工作的”②，“我们想到人民的利益，想到大多数人民的痛苦，我们为人民而死，就是死得其所”③。马克思主义生命观对于我们今天开展生命教

① 《马克思恩格斯选集》第1卷，人民出版社2012年版，第411页。

② 《毛泽东选集》第3卷，人民出版社1991年版，第1004页。

③ 《毛泽东选集》第3卷，人民出版社1991年版，第1005页。

育，具有重要的理论指导意义。

其次是中国先哲的生命哲学思想。传统儒家始终强调生命的社会价值，如“生，事之以礼；死，葬之以礼”①明确地表达了孔子对生死的基本看法和态度；又如孟子的“人之于身也，兼所爱，则兼所养也”②强调人要爱惜自己的身体，珍惜自己的生命。道家学派的老子和庄子对生命教育也有独到见解，如道家更强调和重视尊重生命自身的规律，在重视肉体生命的同时，特别追求精神生命自由。除了儒家和道家以外，佛家非常注重生命的意义和价值，如佛家的“普度众生”以及“不杀生”等思想，都强调了生命的价值。墨家和法家也有很多与生命相关的论述，值得我们去系统地归纳和总结。

中国先哲的生命哲学思想的主要体现为：第一，以自然、达观的态度对待生死。在中国古代，人们习惯于将生和死看成是非常自然的事，认为从生到死是一种再正常不过的新陈代谢过程，人的生老病死属于自然规律。故有“生也死之徒，死也生之始”③，“未知生，焉知死”④，“生而死，死而生，如草木之花，开开谢谢”（钱咏《履园丛话·神仙》）之说。第二，以理想人格、理想社会为生命价值目标。儒家特别强调“仁”，认为“仁者，爱人”，主张“自力拯救”，即人自己可以把握自己的命运，其理想人格是“内圣外王”的君子，认为个人只有通过“内圣外王”，才能完美实现个体的生命价值；道家谋求的则是一种纯朴守柔、无争无为的和谐人生；而墨家推崇的是“兼爱”“交利”与“尚同”，提倡自爱与相爱、自利与互利的统一。第三，以“舍生取义”为生命价值取向。儒家强调爱惜自己的生命，视明哲保身为“孝”的一个方面。所谓“舟而不游”“道而不径”“不临危，不登高”⑤。但是，儒家并非一味地强调珍爱生命，而是要死得其时、死得其所，当该“舍生取义”“杀身成仁”时，也会勇敢地牺牲自己的生命。第四，以“和合”“一统”为生命价值标准。庄子有云：“有人，天也；有天，亦天也。”⑥儒家也推崇“中庸”，强调“中和”，讲究“天人合一”，主张自然与人的和谐一体。第五，以艰苦奋斗为生命价值实现途径。艰苦奋斗是中华民族的传统

① 《论语·为政》。

② 《孟子·告子上》。

③ 《庄子·知北游》。

④ 《论语·先进》。

⑤ 《礼记·祭义》。

⑥ 《庄子·山木》。

美德，它鼓励我们敢于面对逆境，强调逆境对人生的价值。所谓“天行健，君子以自强不息”①，“苦其心智，劳其筋骨，饿其体肤，空乏其身”②等论述，都特别强调为实现理想而不惜牺牲生命的实践精神。中华民族正是凭借这种艰苦奋斗、不断进取的精神，创造了光辉灿烂的历史文化。这是一笔宝贵的精神财富，我们应当继承并发扬光大。

最后是西方先哲的生命哲学思想。古希腊时期的许多哲学家都十分肯定生命的意义。苏格拉底认为生命的意义和价值在于维护真理，在苏格拉底看来，生命的价值不在于它的生与死，而在于它的过程，人的价值就在于人生的过程，所谓“未经省察的生活是没有价值的”。柏拉图和亚里士多德在继承苏格拉底的基础上，更多的是从理念上理解生命。柏拉图认为灵魂具有认识神圣事物的能力，灵魂本身是不朽的，否则就无法被认识。而亚里士多德则认为灵魂是“潜在地具有生命的自然形体的形式”，它使人身体的潜能得以转变为现实的生命活动，是灵魂在人身体内部推动着生命活动。亚里士多德还特别重视实践的人的生命活动，认为“所谓生命，指靠自身摄取营养和生长(以及相应的朽灭)”。

(三)生命教育的内容

在生命教育的内容问题上，已有许多学者、许多国家和地区分别做了理论上和实践上的探索。针对目前存在的生命意识淡化、心理承受能力差、抗挫折能力弱等突出问题，应该着手从生命意识、生命健康、生命价值、生命发展等几个方面来加强生命教育。

首先是生命意识教育。生命意识是对生命的认识和理解，培养人们的生命意识是生命教育的起点。在当今社会中，随着社会科技的进步和社会主义市场经济的发展，人们的思想更具独立性、选择性、多变性和差异性，这在很大程度上影响着人们的思想观念和价值取向，因此，加强生命教育势在必行。生命意识教育又包括三个方面，即生存意识教育、安全意识教育和死亡意识教育。其一，生存意识教育。人最宝贵的是生命，每个人的生命只有一次。正如尼采所说：“我们必须在自己面前对我们的生存负责，因此我们需要做这生存的舵

① 《易经·乾卦》。

② 《孟子·告子下》。

手，不允许我们存在类似一个盲目的偶然。"①进行生存意识教育，就是要教育人们珍惜生存权利，坚定生存信念。其二，安全意识教育。因为人一生总会遇到不同的危险或灾难，所以要学会最基本的自救技能，在关键时刻能进行自我救护。安全教育的核心内容就是最基本的求生知识和技能。譬如，生命存在最急需的就是空气和水；遇到危险时要及时发出求救信号，可用火堆、光照、声音等发出求救信号；失火时要迅速逃生，尽量使身体贴近地面或匍匐前进，并用湿毛巾捂住口鼻等。其三，死亡意识教育。面对死亡，人们更多地会表现出恐惧，这种恐惧心理是人们进行自我保护的本能反应。从正面的积极意义来看，"死亡可以说就是成长的最后阶段，也就是说你是什么以及你所作为的一切都在死亡中达到了高潮"②。美国的艾瑞克·弗洛姆(Erich Fromm)则将死亡看成是人的出生，认为"个人的整个一生只不过是使他自己诞生的过程；事实上，当我们死亡的时候，我们只是在充分地出生"③。真正地理解生命必须理解死亡，因为死亡能使我们重新审视生命，它使我们在生的时间界限里，做出更多有意义的事情。通过死亡教育，使人们能真正认识死亡的本质。譬如，死亡是自然规律，是不可逆转的生物学规律，死亡对于每个人来说都是不可避免的。生命也正因为存在死亡才显得弥足珍贵，人倘若能够长生不死，生命或许会被视如草芥。以死亡作为参照，向死而生，去思考生命的意义和价值，可以更好地实现人的生命价值。

其次是生命健康教育。现代的健康概念，不仅指身体没有疾病或者虚弱现象，而且指一个人在生理上、心理上和社会上的完好状态。健康主要是指身体健康和心理健康，身体健康是心理健康的物质基础，心理健康是身体健康的精神支柱。与此相联系，生命健康教育的内容主要包括两个方面，即身体健康教育和心理健康教育。一是身体健康教育。身体是革命的本钱，身体健康是人从事其他一切活动的前提和基础。身体健康教育就是要求人们养成良好的生活方式，鼓励人们多多参加体育锻炼，进一步提高身体素质，为更好地学习、工作和生活打下坚实的身体基础。在当代大学生群体中，普遍存在一些不良生活习惯，如生活作息缺乏规律，不按时休息、起床和用餐；办事拖拉，喜欢熬夜；缺

① 海德格尔：《尼采十讲》，苏隆译，中国言实出版社 2004 年版，第 154 页。

② 库布勒·罗丝：《成长的最后阶段》，孙振青编译，光启出版社 1993 年版，第 7 页。

③ 联合国教科文组织：《学会生存：教育世界的今天和明天》，教育科学出版社 1996 年版，第 197 页。

乏锻炼意识和室外运动；吸烟和酗酒；饮食不当，存在挑食、暴饮暴食、不吃早饭等不良习惯。通过身体健康教育，可以帮助学生树立科学的现代健康观，养成适当的体育锻炼、合理的饮食和卫生习惯等。二是心理健康教育。我们不仅要有强健的体魄，更要有健康的心理。近年来，随着社会竞争越来越激烈，人们的生活压力不断增加，各种心理问题也越来越多，产生了苦闷、压抑、自卑等消极情绪，学生跳楼自杀等突发事件偶有发生，这就要求我们应及时对学生开展心理健康教育，帮助他们尽快排解各种不良情绪。否则，如果任由这种不良情绪不断积累和发酵，势必会对个人甚至整个社会造成严重危害。遵循学生身心发展的特点和规律，面向全体学生大力开展心理健康教育，可以促进生命和谐。

再次是生命价值教育。生命的价值在于可以帮助人们树立正确的理想与信念，明确自己所承担的责任和义务，在奉献社会的过程中实现自身价值。生命价值教育主要包括生命意义教育、生命责任教育、挫折教育等内容。其一，生命意义教育。进行生命意义教育，就是要使人们明白什么是生命、生命的真谛是什么、生命的意义是什么。作为一种精神现象，意义是人所独有的生存方式，它从根本上追问生命为什么存在，即生命存在的目的和意义问题。从根本上说，如果人的生产和生活失去意义的指导，那么人的生存与动物的生存就没什么区别了。在现实生活中，人们往往更看重生活的主观感受，一味地追求物质享受，而忽略了提高生命质量，其思想根源在于没有认清生命与生活的区别，没有理解生命的真正意义。所以，我们要鼓励人们去追求美好生活，使生命的意义能够在追求美好生活的过程中充分彰显。其二，生命责任教育。责任是一种能力，是一种精神，是一种品格。马克思指出："人的本质不是单个人所固有的抽象物，在其现实性上，它是一切社会关系的总和。"①人总是和自然、社会以及其他人有着千丝万缕的联系，每个人都扮演着不同的角色，在社会主义市场经济不断发展的今天，每个人都应该主动承担起对自己、对家庭、对社会的责任。通过生命责任教育，使学生明白要对自己负责任，珍惜自己的生命，努力学习科学文化知识，提高自己的才能和生命质量；对家庭负责任，生命是父母给予的，个人的成长与进步也离不开家庭成员的呵护；最重要的是还要对社会负责任，任何人都存在于社会体系之中，社会培养造就出的优秀人

① 《马克思恩格斯选集》第 1 卷，人民出版社 2012 年版，135 页。

才，必须用自己所学知识、所会技能去服务社会、造福社会。其三，挫折教育。所谓挫折教育，是教育者针对受教育者的实际情况，有意识地利用已有困难或情境创设，使受教育者通过自身努力提高心理承受能力和耐挫能力，以培养出坚强的意志的实践活动。挫折是人类社会生活中的一种常态，人生不如意者十之八九，而大学生在大多情况下都视挫折为破坏性的，面对挫折时多表现出消极、妥协、紧张、恐惧的态度，总想逃避，殊不知“逆境是一种可贵的经验，是人生的一种财富，因为人在这里学会了应对困难的办法，也加深了对自己能力的了解，一旦遇到了更大的困难，他就不会被困难所压倒”①。可见，挫折是无法排斥和抗拒的，也是摆脱不了的，我们所能改变的，只是面对挫折时的态度。在战胜挫折后，人们能更清楚地知晓生命究竟是一个怎样的历程，明了生命中不仅有鲜花、笑脸和掌声，还有荆棘、艰辛与泪水。开展挫折教育，就是要帮助学生正确认识自我，培养学生奋发向上的个性品格，引导学生认识生命的本质，生命只有在战胜挫折的过程中才会充满生机和活力。

最后是生命发展教育。生命可以分成自然生命、社会生命和精神生命三种类型。就个体自然生命而言，从细胞受精、胚胎生长发育、出生、童年、少年、青年、中年、老年到死亡，这是生命发展的必然过程。生命发展教育就是教育者以人的现有生命状态为出发点，在人际关系、婚恋关系、职业生涯等方面对受教育者施加影响，最终实现自然生命健康延续、社会生命得以拓展、精神生命得以永恒的实践活动。一是人际关系教育。所谓人际关系，是指人们在生产或生活活动过程中所建立的一种社会关系。在现实生活中，建立和谐的人际关系是非常重要的，这不仅有利于人格健全的塑造和个人综合素质的提高，更能为自己生命的健康发展营造良好的环境。大学生是一个特殊群体，他们在学习、生活中都会面临着各种各样的人际交往问题，通过人际关系教育，可以引导大学生正确处理个人与他人之间的关系，学会与他人交流，学会尊重、欣赏、爱护他人，善于结交朋友、准确表达、有效倾听和处理矛盾。二是婚恋关系教育。正处在青春期的学生们，身体发育基本完成，他们对婚恋更多地表现为懵懂、憧憬和向往，渴望与异性交往。因此，如何与异性交往，如何看待婚恋关系就成为婚恋关系教育不可或缺的内容。譬如，要正确地处理好学业与恋爱、事业与爱情之间的关系，学生应以学习为主业；要正确地处理好爱情与友谊、

① 陈根法、汪堂家：《人生哲学》，复旦大学出版社 2005 年版，第 149 页。

恋爱与关心集体、关爱他人的关系，沉溺于“二人世界”不利于个人自身发展；要正确地对待失恋，做到失恋不失志、失恋不失态、失恋不失学、失恋不失爱等。三是职业生涯教育。职业生涯是指个体职业发展的历程，是生命过程中的一个重要阶段。职业生涯发展的顺利与否还决定着一个人能否最大限度地实现自身价值，职业生涯规划的好坏对职业生涯的发展产生直接影响。所谓职业生涯教育，是指为了适应未来工作岗位的要求，教育者就有关职业的基本知识、基本技能和职业道德，以及职业生涯规划和管理、职业素质培养、就业技能等方面的问题，有目的、有计划、有组织地对受教育者施加职业环境认识、职业见习、职业探索等影响，以增强个体规划自我职业生涯的意识，发展个体的综合职业能力，促进个体职业生涯发展的活动。其具体包括职业生涯定向教育、自我职业潜能分析能力培养、规划自我职业生涯的意识与技能培养、职业生涯规划的心理辅导等方面的内容。职业生涯教育就是要在认识自己、分析自己的基础上，将时代发展的需要与自己的优劣势相结合，对自己想干什么、能干什么、适合做什么等做出准确判断，从而确定自己的职业与终生奋斗的目标，找准自己的人生位置，争取早日实现职业成功，提高个体的生命质量。

四、爱心教育

爱心教育是一种情感教育，是教育者对受教育者实施的一种有目的、有计划、有组织的，以培养受教育者恻隐怜悯之心的实践活动，具体包括爱人、爱国、爱自然等方面的内容。爱心教育是孝德教育的一个重要组成部分。

（一）爱心教育的概念

要厘清爱心教育的概念，应先从认识爱心概念开始。所谓爱心，是指基于人的恻隐怜悯之心，表现出对人给予、尊重、关怀、爱护和帮助的思想感情，包括对自己、父母、他人、国家、自然等方面的所有情感。爱心是以同是人类这种认识为基础而产生的，它既可在熟人之间发生，也可在陌生人之间发生，是一种超越国界的文化现象。所谓“恻隐之心，人皆有之；羞恶之心，人皆有之；恭敬之心，人皆有之；是非之心，人皆有之。恻隐之心，仁也；羞恶之心，义也；恭敬之心，礼也；是非之心，智也”①。其中的恻隐之心、仁爱之心，就是我们所说的爱心。思想是行为的先导，爱心对人的爱行会产生直接影响。爱心是对人和事物的最深的情感，主要表现为人与人之间的一种情感依赖关系，它可在个体与个体之间传递，形成一种动力，并产生互动行为效应。正如作家刘墉所说，爱是真真正正的行动，爱就是要积极地付出爱，世界上给人最大压力的就是爱，所以我们不能只接受爱，还必须学会付出爱。

爱心是中华民族的传统美德，是公益事业的内核和慈善行动的基础，它在人类发展进程中起着非常重要的作用。譬如，爱心是人类社会的永恒需要，是人类世代相传的文明火种；它能增进人与人之间的信任、友情和合作，给人类增添更多的温暖，推动社会走向和平与发展；它能够进一步提高人类道德文明的水平，改善人与环境、自然的关系。没有爱就没有教育，爱心使教育的存在成为可能。如法国启蒙思想家卢梭在《爱弥儿》中所说，爱是人类最基本、最自然的感情，也是进行教育的基础。

爱心教育有广义和狭义之分。广义的爱心教育，是指教育者以人文关怀为核心的，强调人的价值、尊严与权利的，培养受教育者恻隐怜悯之心的实践活动。狭义的爱心教育，是指由学校组织的，以教师为主导的一种关爱、尊重学生并培养学生爱心和爱行的实践活动。这里所说的爱心教育是一种情感教育，是孝德教育的重要内容，是学生道德教育的核心部分。可见，爱心教育在形式上只是由具体的感性体验达到理性思考的、不间断循环往复的、逐层有效提升思想认识的实践过程。

（二）爱心教育的内容

从内容上看，爱心教育起源于中国传统儒家文化中的“仁爱”精神。如孔子特别强调“仁”，并将“仁”直接界定为“爱人”。所谓“仁者，人也”“仁者爱人”。我们一般将其理解为对人的同情心、友爱心，即人应该有一颗爱心并以此爱心待人处世，以促使人与人之间彼此真诚地沟通和互动。《孝经·圣治》有云：“故不爱其亲而爱他人者，谓之悖德；不敬其亲而敬他人者，谓之悖礼。”先爱其亲是本，再爱他人是用；先敬其亲是本，再敬他人是用。不爱其父母而爱他人，是“伪”，是不可相信的，因为一个人如果连自己的父母都不爱，就更谈不上爱

---

① 《孟子·告子上》。

他人了。相反，如果一个人深爱自己的父母，有了这种爱的情感基础，就很有可能将这种爱推及长辈、邻居、朋友、同学等身边的人，从而成为一个更加富有爱心的人，进而成为一个品德高尚的人。爱心教育的主要内容包括爱人、爱国家、爱自然等方面。

首先是爱人。儒家的思想精华就是仁爱思想，儒家学者从不同的角度对仁爱进行了诠释，其中包括有不少有关爱人的思想。孔子认为，仁爱是人的本质，《论语》中"仁"字也出现了 109 次。以下主要从三个层面解释爱人：第一，爱己。一个不爱自己的人，是不会爱人的。所谓"知者乐水，仁者乐山；知者动，仁者静；知者乐，仁者寿"①。其中的"仁者寿"，是指有仁爱之心的人能够很好地爱自己，也就能够长命百岁。据《荀子 · 子道》载："颜渊入，子曰：'回！知者若何？仁者若何？'颜渊对曰：'知者自知，仁者自爱。'子曰：'可谓明君子矣。'"意思是说，颜回进入房间，孔子问："回啊，智慧的人什么样，仁爱的人什么样呢？"颜回回答："智慧的人有自知之明，仁爱的人能够做到自尊自爱。"这就表明，自尊自爱是仁爱的基点，能够爱己的人才能够"泛爱众"。由此，做一个孝顺的人，首先要学会爱己，做一个自尊、自信、自爱、自强的人。第二，爱亲。爱亲即爱亲人，这是一种血缘之爱。儒家视爱亲为仁爱的根本。所谓"君子务本，本立而道生；孝弟也者，其为仁之本与！"②这表明爱人的根本是孝顺敬爱父母、恭敬兄弟。又所谓"仁者人也，亲亲为大"③，"亲亲，仁也；敬长，义也；无他，达之天下也"④。其中的"亲亲"，就是爱父母，也就是爱亲，子女对父母的爱是一种特殊的情感体验。爱亲主要表现在：一方面，在物质生活上满足父母；另一方面，在精神上能够满足父母。第三，爱众。孝悌是爱人的根本，也是人伦关系的基础。爱众就是将爱亲这种孝悌关系，扩展到社会生活的其他人身上，即将爱亲的对象范围扩大化到更多的人身上。所谓"老吾老，以及人之老"⑤，"人不独亲其亲，不独子其子。使老有所终，壮有所用，幼有所长，鳏寡孤独废疾者，皆有所养"⑥，爱自己的父母，也爱别人的父母，这是爱

---

① 《论语 · 雍也》。

② 《论语 · 学而》。

③ 《中庸》。

④ 《孟子 · 尽心上》。

⑤ 《孟子 · 梁惠王上》。

⑥ 《礼记 · 礼运》。

亲的升级情感。

其次是爱国家。爱国家是爱人的一种更高境界。国家的基本单位是家庭，国家是由无数个小家庭组成的。家是最小国，国是千万家，有了强的国，才有富的家。《孝经》的主旨是能事亲孝就能事君忠，先修身齐家进而治国平天下，小孝即孝顺父母，大孝即孝忠自己的国家。孔子对孝谏有专论，所谓“昔者，天子有争臣七人，虽无道，不失其天下；诸侯有争臣五人，虽无道，不失其国；大夫有争臣三人，虽无道，不失其家；士有争友，则身不离于令名；父有争子，则身不陷于不义。故当不义，则子不可以不争于父，臣不可以不争于君。故当不义则争之，从父之令，又焉得为孝乎？”①孔子认为，孝顺父母和孝忠国家是内在统一的，需要坚持正确的意见，进行孝谏。自汉代以后“移孝作忠”，历代封建统治者均以孝治天下，将孝作为治国之本，使孝德与君权统治紧密结合起来，爱国家已经成为中国传统孝文化不可或缺的一部分。深入开展爱国主义教育，就是要使大学生了解祖国壮丽的山河、悠久的历史、灿烂的文化、自立自强的民族精神，以及中国共产党领导全国人民取得革命和建设胜利的光荣革命传统，增强民族自尊心、自信心、自豪感，坚持祖国的利益高于一切，以贡献全部力量建设和保卫社会主义祖国为最大光荣，以损害国家利益、国家尊严为最大耻辱，维护国家主权，实现祖国统一。

最后是爱自然。自然界是人的衣食父母，人来源于自然界又依存于自然界，是自然界的有机组成部分。物质资料的生产和再生产，以及人自身的生产和再生产，无不是以自然界的存在和发展为前提和基础的，爱自然其实就是爱我们人类自己。“断一树，杀一兽，不以其时，非孝也”②，这是古人已将爱人推广到自然生物上的生态思想反映，认为不以其时伐树或不按规定打猎都是不孝的行为。古人讲究“天人合一”，强调人与自然和谐相处，有着“知天畏命”的生态德育思想和“乐山乐水”的生态人文情怀。所谓“苟得其养，无物不长；苟失其养，无物不消”③，就是说要对生物合理地“养”，这样才能有收获。又所谓“亲亲而仁民，仁民而爱物”④，从爱人出发，推向爱国家，再推向爱惜万物，这

① 《孝经·谏诤》。
② 《礼记·曲礼上》。
③ 《孟子·告子上》。
④ 《孟子·尽心上》。

就形成了孝德中的爱心教育链锁。爱自然是大爱的一种表现，是爱人与爱国家的一种升华。爱自然就是要求我们尊重自然，与自然和谐相处，在人与自然和谐相处的过程中保持科学精神和人文关怀。

综上，孝德教育的四大板块内容，即感恩教育、亲情教育、生命教育和爱心教育等，它们之间既相对独立，有时又相互交叉，共同体现了孝德教育的目的和总体要求，是孝德教育目标和任务的具体化。

第六章

孝德教育的原则、途径与方法

实施孝德教育，除了要明确孝德教育的主要内容以外，还必须有与之配套的孝德教育原则、途径与方法等，以保证这些孝德教育内容的落实。孝德教育的原则、途径与方法等，也在一定程度上规定了孝德教育实践的基本准则与导向。孝德教育的原则分为以人为本、全面发展、积习成性、知行统一等几个方面，这是孝德教育应遵循的基本行为准则，也是孝德教育客观规律的深刻反映，对孝德教育的顺利进行具有重要的意义。孝德教育的途径与方法是孝德教育实践过程中不可或缺的重要因素，孝德教育要想取得实效，就必须运用科学合理的途径与方法，否则只会取得事倍功半的效果。因此，在孝德教育过程中，不仅要注重孝德教育内容的思想性和科学性，而且还要注重孝德教育的原则、途径和方法的科学性，使孝德教育发挥最大的效益。

一、孝德教育的原则

孝德教育的原则是人们依据孝德教育的客观规律，在总结孝德教育实践经验的基础上而制定的孝德教育活动的基本准则。孝德教育的原则在孝德教育的实践中具有十分重要的作用。孝德教育的原则是孝德教育规律的揭示和体现，对孝德教育的途径、方法具有实践指导作用，孝德教育的途径、方法则是思想政治教育原则的具体化。

（一）以人为本的原则

与“以神为本”“以物为本”相比，“以人为本”强调将人的价值放到首位，认为只有人才是更重要和更根本的，包含着对个人的地位、作用和利益的肯定。在现阶段，以人为本主要是指发展为了人民，发展依靠人民，发展成果由人民共享，所谓“以实现人的全面发展为目标，从人民群众根本利益出发谋发展、促发展，不断满足人民群众日益增长的物质文化需要，切实保障人民群众的经济、政治和文化权益，让发展的成果惠及全体人民”①。以人为本的思想在中国历史上由来已久。据考证，“以人为本”的概念，最早是由春秋时期齐国的管仲提出来的，所谓“夫霸王之所始也，以人为本。本理则国固，本乱则国危”②。在管仲看来，治国和巩固霸业若要取得民心，则需以人为本，视人为根本和基础。春秋末期的孙武进一步发展了管仲的思想，“以人为本”成为决定战争进退的根据，所谓“故进不求名，退不避罪，唯人是保，而利合于主，国之宝也”③。意思是说对战争进退的处置只求保全民众，其意义与现在的“以人为本”类似，故有学者认为以人为本的思想最早出自《孙子兵法》。以孔子为代表的儒家将我国以人为本思想推向了第一个高峰，孔子认为“仁者爱人”，而孟子则提出“人性同一”。基于性善论的人性论基础，孟子认为一切人，无论普通人还是圣人都是同一类人，人的本性是一致的，即人都是行善的，普通人经过学习和修养一样可以成为尧舜一样的圣人，所谓“人皆可以为尧舜”④。

马克思主义关于人的本质的理论，为“以人为本”思想的确立奠定了科学的基础。马克思在《1844 年经济学哲学手稿》中阐述其异化劳动理论的同时，从劳动和实践出发开始研究人的本质问题，认为劳动是人的类本质，所谓“一个种的整体特性、种的类特性就在于生命活动的性质，而自由的有意识的活动恰恰就是人的类特性”⑤。在《关于费尔巴哈的提纲》中，马克思主义科学地揭示出人的本质是一切社会关系的总和，所谓“人的本质不是单个人所固有的抽象

① 《胡锦涛文选》第 2 卷，人民出版社 2016 年版，第 166-167 页。

② 《管子·霸言》。

③ 《孙子兵法·地形篇》。

④ 《孟子·告子下》。

⑤ 《马克思恩格斯选集》第 1 卷，人民出版社 2012 年版，第 56 页。

物，在其现实性上，它是一切社会关系的总和"①。在《德意志意识形态》中的关于人的本质论述是对《1844 年经济学哲学手稿》和《关于费尔巴哈的提纲》的总结和升华，明确地提出了脱离异化的现实道路，即在生产力高度发展的基础上，无产阶级联合起来夺取政权，消灭私有制，所谓"只有在共同体中，个人才能获得全面发展其才能的手段，也就是说，只有在共同体中才可能有个人自由"②。《共产党宣言》再次宣称："代替那存在着阶级和阶级对立的资产阶级旧社会的，将是这样一个联合体，在那里，每个人的自由发展是一切人的自由发展的条件。"③2003 年 10 月，党的十六届三中全会首次提出了"科学发展观"，并认为"以人为本"是科学发展观的前提和重要内容，是加强和改进孝德教育的指导思想，这是马克思主义关于人的本质理论在当代中国的具体运用和发展。

作为一种发展观，"以人为本"是相对于"以神为本""以物为本"的思想提出来的，所回答的也不是什么是世界的本原，什么是第一性、第二性的问题，而是在我们生活的世界什么是最重要的，什么是最根本的，什么是最值得我们去关注和重视的问题。坚持以人为本的孝德教育，就是要以每个人为本，充分了解和尊重人的要求，尊重每个人的独立尊严和人格，保护其独立性和个性，开发每个人的无限潜能，充分发挥人的主观能动性和主体作用。由于每个人对孝德内容的接受程度不同，以人为本的孝德教育就要从个体的实际情况出发，关注他们成长的需求，针对人的具体个性和特点，采用不同的孝德教育方式，只有这样才能使人们从内心深处接受和认同孝德文化，提高孝德教育的效果。以人为本的孝德教育，最终有利于缩短人们现实的孝德素质与社会发展要求之间的差距，真正做到"先成人后成才"，促进社会主义和谐社会的建设和发展。

（二）全面发展的原则

人的全面发展是指"人以一种全面的方式，就是说，作为一个完整的人，占有自己的全面的本质"④，包括劳动能力尽可能地全面发展，以及克服人发展的一切片面性，真正实现人的个性自由和全面发展。其中，个性自由和全面发展

① 《马克思恩格斯选集》第 1 卷，人民出版社 2012 年版，第 135 页。

② 《马克思恩格斯选集》第 1 卷，人民出版社 2012 年版，第 199 页。

③ 《马克思恩格斯选集》第 1 卷，人民出版社 2012 年版，第 422 页。

④ 《马克思恩格斯文集》第 1 卷，人民出版社 2009 年版，第 189 页。

是马克思主义关于人的全面发展学说的灵魂，“对劳动者进行职业教育是促进人的全面发展”的基本途径。具体是指人的劳动能力的全面发展，既包括人的智力和体力的充分、统一的发展，也包括人的才能、志趣和道德品质的多方面发展；既包括德、智、体、美、劳等方面的均衡发展，也包括个性心理、性格、兴趣、意志、气质等非智力因素的健全发展。通俗地讲，所谓人的全面发展，就是作为一个人的素质能得以全面提升，价值能得以全面体现，通过人的各方面素质和潜能的普遍提高和充分发展，使人生更加健康、幸福、快乐，更加富有意义。人的全面发展与道德水平的发展相辅相成，人的全面发展本身包括道德水平的发展，而道德水平也将影响人其他方面的发展，最终影响人的全面发展。现阶段坚持人的全面发展，就是“要始终把实现好、维护好、发展好最广大人民的根本利益作为党和国家一切工作的出发点和落脚点，尊重人民主体地位，发挥人民首创精神，保障人民各项权益，走共同富裕道路，促进人的全面发展，做到发展为了人民、发展依靠人民、发展成果由人民共享”①。坚持以人的全面发展为孝德教育的基本原则，包括两个方面的含义：

第一，孝德教育内容的全面发展。孝德的内容不是一成不变的，而是在历史发展的过程中不断地丰富和完善的。孝德教育不仅要重视对传统孝德内容的教育，而且也应该与时俱进，对传统孝德取其精华，去其糟粕，赋予传统孝德以新的内容，不断更新、补充和发展传统孝德的内容。中国教育史上，一直都颇为重视传统孝德内容的教育，孝顺父母、尊敬长辈等这些传统孝德观念早已深入人心。当然，现今的孝德教育不能仅局限于对传统孝德教育的重复和再现，而是要赋予其以新的教育内容和新的教育方法，如由传统孝德延伸出来的生命教育、仁爱教育等现代孝德内容，以及以网络为代表的现代信息技术手段的运用方法，都应该在孝德教育中得以充分体现。

第二，孝德行为养成的全面发展。孝德教育应从加强孝德意识、培养孝德情感、坚定孝德意志、践行孝德行为等方面着手，循序渐进地提升人们的孝德养成水平和境界。首先，重视加强孝德意识的培养。思想是行为的先导，意识是做出行为的指令，只有有了正确的意识才能做出正确的行为，也只有通过加强孝德意识的培养，才能做出符合孝德的行为。其次，要重视对孝德情感的培养。只有发自内心的情感才是真诚可贵的和长久永恒的，强迫或者无奈之下的

① 《胡锦涛文选》第 2 卷，人民出版社 2016 年版，第 624 页。

孝德行为不仅是一种假象，而且也是不可能持久的。再次，孝德教育要重视孝德意志的养成。所谓孝德意志，是指人们在履行孝德义务过程中所表现出来的自觉地克服困难、排除障碍而进行行为选择的力量和坚持的精神。它将人们的孝德情感内化为人们永恒的精神追求，为最后外化为孝德行为、进一步增强我国文化软实力而奠定坚实基础。坚定孝德意志不仅能稳定人们的孝德意识，而且能从人们内心散发出感染他人尽孝、行孝的力量，带动周围的人也去自觉行孝。最后，孝德教育要落实在孝德行为上，这是孝德教育最终的目的所在。光说不做，只会使孝德成为一个口号和空壳。

(三)积习成性的原则

古语有云："积思成言，积言成行，积行成习，积习成性，积性成命。"意思是说，每天的行为积累起来便成为一种习惯，习惯不断累积，便成为一种性格，而性格则决定一个人的命运。西方也有类似的说法，所谓"播下一个行动，你将收获一种习惯；播下一种习惯，你将收获一种性格；播下一种性格，你将收获一种命运"。这就是我们通常所讲的习惯养成性格，性格决定命运。习惯是指"长时期养成的不易改变的行为、生活方式、社会风尚等"，属于日常生活中相对稳定的部分。美德大多存在于良好的行为习惯中，一种良好的习惯的养成是极为重要的，因为它决定着一个人的性格和命运。重视良好习惯的养成，也一直是教育家们所强调的教育理念。孝德教育同样应注重对孝德行为习惯的培养。习惯的养成不是一朝一夕的，而是一个循序渐进、繁琐冗长的过程，需要持久不断的坚持。研究表明，培养一个习惯需要三个月的时间，但是习惯培养的第一个月是最重要的。有人说，形成或改变一个习惯只需要坚持21天；也有人说，习惯的养成犹如纺纱，一开始只是一条细细的丝线，随着我们不断地重复相同的行为，就好像在原来那条丝线上不断缠上一条又一条丝线，最后它便成了一条粗绳，将我们的思想和行为缠得死死的。同理，孝德习惯的养成是孝德意识和孝德行为的根基。

从小开始持续开展孝德教育都是非常重要的，对当代大学生的孝德教育来说也是如此。因为从个体的人生发展阶段来看，大学生多数是18~22岁的青年人，既是处于个体生理发育完全成熟的一个时期，也是心理趋于不断完善的一个重要阶段，是个人世界观、人生观、价值观形成的关键时期。在这个特定阶段和时期，加强大学生的孝德教育能起到事半功倍的效果。大学生孝德教育应从日常的点滴生活入手，将孝德教育融入校园文化中，渗透到校园的每一个角落，在潜移默化中对大学生的孝德意识产生影响，起到“随风潜入夜，润物细无声”的效果。坚持积习成性的孝德教育原则，或许在短时间内看不到明显的教育成果，但是长久坚持下来，不仅能帮助大学生个体养成孝顺父母、尊敬长辈、感恩他人的习惯，而且能帮助大学生养成同情和善良等优良品德，这是有利于营造校园良好的孝德教育环境氛围，进而改善整个社会的孝德文化环境的。

（四）知行统一的原则

知行统一是毛泽东用中国哲学范畴对认识和实践统一理论的概括。1937年，毛泽东在《实践论》中明确提出“知行统一观”，强调言行一致，理论联系实际，并成为我党一贯的优良作风。毛泽东将马克思主义哲学关于认识和实践统一的理论概括为：“实践、认识、再实践、再认识，这种形式，循环往复以至无穷，而实践和认识之每一循环的内容，都比较地进到了高一级的程度。”①这就是辩证唯物论的知行统一观，是符合马克思主义认识论思想的。其中，“知”是指人的知识水平和思想道德观念，“行”是指人的行为行动，“知行统一”则是指人要言行一致。

孝德教育的最终目的，便是要求人们自觉地践行孝德。只“知孝”而不“行孝”，或对别人有“劝孝”之言，而自己无“尽孝”之行，都不能称得上是懂孝、尽孝之人。因为孝不能只停留在口号上，而无实际行动。当然，我们要行孝尽孝，首先应该重视对孝德的认知教育，使人们获得更多的关于现代孝德的观念和知识，特别是要充分地了解孝德对于人生的意义和社会的作用。只有“深刻地知”，才能“自觉地行”。正如苏联教育家苏霍姆林斯在《给教师的建议》中所说的那样：“只有能激发学生去进行自我教育的教育，才是真正的教育。真正的教育只有当学生有自我教育的要求时才可能实现。”总体上看，由于受中华民族优良道德传统的熏染，人们普遍都具有一定的孝德意识，但是人们的孝德认知和孝德行为存在着脱节现象，有的还特别严重。孝德教育的最终目的并不是让人们了解孝德理论，认同孝德的价值和作用，而是在于孝德实践，更要让人们能够将孝德他律转化为孝德自律，能自发地将孝德行为体现在现实生活之中。这种从知到行、从他律到自律的转化，离不开孝德教育者做出正确的引

① 《毛泽东选集》第1卷，人民出版社1991年版，第296-297页。

导，即在加强人们孝德意识培养的同时，要有意识地去引导人们践行孝德，真正做到知与行的统一。事实上，个体道德品质的形成在相当程度上是依赖于个体在生活实践中的积累和体悟的，只有在生活实践中才能真正达到孝德认知与孝德行为的统一。

二、孝德教育的途径

孝德教育途径是指教育者有目的、有计划、有组织地传授孝德内容，对受教育者实施孝德影响时可供选择和利用的，在长期实践中形成的较为稳定的具体渠道和组织形式的总称。作为中华优秀传统文化的一个重要的组成部分，孝德是一个人最基本的道德品质，是值得传承和发扬光大的。按照接受教育的时间顺序，每个人的成长都会经历三个阶段，即家庭启蒙教育阶段、学校正规教育阶段、社会环境教育阶段等。尽管孝德教育的途径在不同的时期、阶段也不尽相同，但是孝德教育仍然需要家庭教育、学校教育、社会教育三者有机地结合，孝德教育应是家庭、学校及社会三位一体的全方位教育。从内因、外因两大因素着手，既强调人们自我孝德意识的养成，又重视外部不断变化的环境对孝德教育的影响，以求从整体上提高个人的孝德素质。

(一) 家庭孝德教育

父母是子女的第一任老师。家庭的启蒙教育是人们最早接触到的教育方式。入学之前，子女尚未形成自己的独立思想和缺乏对社会的认识，且孝的观念和行为均从家庭中萌生，是开展孝德教育的最好时机。其实，在人一生的社会化过程中，家庭教育始终是塑造和培养人的重要场所，孝德教育更是如此，因此，孝德教育不能忽视家庭教育的重要作用。

首先，树立正确的教育理念。家长要先行认可全面发展的现代成才观念，改变传统的只注重智力发展的思想，充分认识到孩子道德品质包括孝德养成的重要性。家长作为子女的启蒙老师，一是帮助子女认识到孝顺父母是人应有的最基本道德规范。父母应注意有意识地从子女小时候起便向他们灌输孝德意识，教育子女尽孝意在发乎本心，出于本意，以诚相待而非只做表面文章。二是弘扬传统孝德中属于精华的内容。不可否认，传统孝德存在着封建的、落后保守的消极内容，在家庭教育中父母应向子女灌输选择孝德文化中积极正面的部分，如传统孝德中要求子女对父母绝对顺从和服从等落后思想应给予排除。家长应尽量先做到“父慈子孝”，实现代际人格平等，不将自己的理念强行施予子女。

其次，家长以身作则，重视孝德养成。身教远远比口传更具有感染力和教育作用，家长是家庭孝德教育中最早、最好的老师。在启蒙教育阶段，影响孩子成长的外因条件及教育环境主要来源于家长，家长的模范作用具有重要的示范性意义。家长是子女的第一位老师，也是任期最长的老师，家长的一言一行都会影响子女，子女就是父母的影子。孝德教育要从小事入手，有意识地指导子女做孝顺父母的事情，让子女在做的过程中自觉地养成孝德。父母应从自我做起，时常与自己的父母沟通联系，嘘寒问暖，忙时给父母打打电话，闲时就带着孩子多与长辈相处，即使家长不将孝顺父母挂在嘴边，这些行为和举动也会潜移默化地感染和影响子女。

最后，避免过度宠溺，理性地施爱于子女。家长对孩子理智的爱和良好的亲子关系，是孩子孝德形成的有利条件。在中国传统意识中，父母对子女的爱永远是无私的，大部分子女都是在类似于蜜罐的优越环境中成长的，但在溺爱中成长的子女很难懂得体谅父母。子女因得来得太容易而觉得理所当然，容易产生自私自利的观念，不懂得感恩，他们走入社会之初也很难有足够的尽孝能力，这对他们的孝行产生消极影响。因此，在家庭教育中，父母施爱于子女时应特别注意“严”与“爱”要有机结合。子女如果在实践活动中认识到了生活的不易和父母挣钱的辛劳后，势必就会从内心深处去珍惜父母给予自己的各种帮助，这样有利于孝德的养成。

（二）学校孝德教育

长期的、正规的学校教育对人们孝德的养成是十分重要的，大学教育也是如此，而且更具代表性和说服力。大学的自由性、开放性、思想性、学术性等特点使其成为孝德教育的一个特殊舞台，重视孝德教育、丰富孝德教育内容、优化孝德教育方式等，对孝德教育的顺利开展具有不可忽视的作用。

首先，高度重视孝德教育。切实加强大学生的孝德教育，首先要解决的是观念和认识的问题。作为培养高素质人才的重要阵地，大学肩负着“教书”和“育人”的双重责任。孝德意识的提高，孝德品德的培养，孝德习惯的养成，不是一个或几个人、一个或几个部门的事，而是我们大家的共同责任。要取得大学生孝德教育的成功，一是学校领导、基层管理服务人员、思想政治理论课老师和专业课老师等，要认识到孝德教育的重要性，同心协力，齐抓共管，心往一处想，劲往一处使，共同落实孝德教育以增强教育效果。二是学校领导和教师等加强自身的孝德修养，为大学生做践行孝德的模范和表率。三是要抓好高校孝德教育的各个环节，为大学生孝德教育提供财力、物力、人力保证，切实保证大学生孝德教育的开展。

其次，丰富孝德教育的内容。高校孝德教育，既不能全盘否定传统孝德的内涵和价值，也不能完全接受和认同传统孝德观念，而是应根据新的时代条件与教育要求，取其精华，去其糟粕，不断地丰富和发展孝德内涵，其中培养大学生孝敬父母、尊敬长辈是孝德教育的首要内容。要教育引导大学生树立崇高的理想和信念，使大学生在校期间不但能学到知识，而且能具备有孝、有仁、有义、有忠、有信的品质，教育大学生以自己的实际行动践行更广泛意义上的孝德，培养大学生振兴中华的精神，增强大学生的民族荣誉感、自豪感和凝聚力，这些都是在高校孝德教育中应丰富和发展的孝德内容。

最后，优化孝德教育方式。主要方式有：其一，强调课堂教学。学生以学习为天职，大学生在校期间绝大多数的教育活动是在课堂教学中进行的，高校孝德教育应发挥课堂教学在开展孝德教育、弘扬孝道文化中的主渠道作用。一方面，要在思想政治理论课程中加大孝德教育的比重。通过开设部分与孝德教育内容相关的选修课如《论语》《孟子》《大学》《中庸》《礼记》《孝经》等，进一步完善高校思想道德修养课程体系，使之更为系统和全面。另一方面，改变课堂教学模式。要以思想政治理论课堂教学为载体，开展多种形式的课堂教学，让大学生能够直接参与到孝德文化的学习和讨论之中，使学生通过学习和讨论并在教师的适当引导下形成明确的观点，提高对传统孝德文化的认识和理解，增强他们对孝德的认同感。其二，重视学生社团活动。结合多样的大学生社团自身的特点，有组织地开展孝德教育的专题活动。譬如，学校宣传部、学工部、团委等职能部门，可以定期举办以孝德教育为主题的学术讲座，增加学生与孝德有关的系统理论知识；各院系团委或学生会，可以组织一些活动，开展有关感恩教育等孝文化教育的讨论、辩论或者征文活动，帮助大学生在有趣的活动中提高对中华优秀传统文化的认识，丰富孝文化的内涵；在校园论坛开设孝文化板块，增加《孝经》等经典书籍的内容，设立孝德名言、孝德大讲堂、校园孝子孝事等专栏板块，以更好地取得高校孝德教育的实效。

(三)社会孝德教育

孝德教育的有效开展，离不开家庭启蒙教育、学校的养成教育，同样需要社会的引导教育。只有三者有机地结合起来，才能顺利地实现我们的教育方针和教育目的，才能有效地提高孝德素质。

第一，营造良好氛围，熏陶孝德情操。首先，继续发挥传统通信平台的作用，包括电话、广播、电视等。譬如，电视台可以设立有关传统文化的电视专栏节目，加大对传统文化宣传的力度；通过热线电话、短信等多种方式与观众进行互动，接受学生对孝德问题的专门咨询，有针对性地解决学生在孝德认识上的一些困惑和疑问，能充分地调动学生参与孝德教育的积极性和主动性等。其次，随着现代化手段的普及和更广泛地应用，应注重对现代化平台的利用，开展孝德教育。我们可以充分利用虚拟的网络世界(如博客、微博、BBS论坛、网上问卷调查等)，了解社会网民的孝德教育的现状、特点与规律，研究存在的问题及其原因，科学、高效地开展孝德教育。最后，政府应重视对纪念馆、展览馆、博物馆、图书馆等公共硬件条件的改善。政府可通过全方位地搭建孝德教育的现实和虚拟平台，提高社会公民孝德教育的便利性，增强孝德教育的实效性。

第二，加强法治建设，促进孝德社会化发展。一种道德规范的实施光靠个人的自觉、自律是不够的，还必须有以强制和他律为特征的法律法规来给予保证。新加坡的孝德文化之所以得以有效继承和发展，从很大程度上，是因为采取了法律制度对孝德文化实施了保护和监督。孝德文化在中国历史上也曾被纳入法律规范之中，但是这些法律中的一些措施是为了维护其封建统治，而且有些措施太残酷，有失人性。我们也不得不承认这些强制性措施客观上对孝德的社会化发展起到了加速作用。如现行的《中华人民共和国宪法》明确规定：“父母有抚养教育未成年子女的义务，成年子女有赡养扶助父母的义务。”《中华人民共和国老年人权益保障法》也规定：“暴力干涉老人的婚姻自由或者对老年人有赡养义务、抚养义务而拒绝赡养、抚养，情节严重构成犯罪的，依法追究刑事责任。”这些规定在一定程度上对传统孝德文化进行了保护，但是只侧重于物质或经济上的赡养，而在精神上的慰藉等方面则没有很好地体现出来，也不好具体操作实施。依法治国，建设社会主义法治国家，是发展社会主义市场经济的客观需要，在孝德教育上我们也要从依法治国的高度，加强孝德立法，进一步明确孝德在我国整个法律体系中的地位和作用，并从立法、执法、守法、法律监督的不同环节，全面完善孝道的法律制度和运行机制，真正做到有法可依、有法必依、执法必严、违法必究，用宪法和法律来保证孝德教育的实施。

第三，宣传孝德观念，媒体监督和舆论导向并重。各类大众传媒都要增强社会责任感，将提升公民思想道德素质作为义不容辞的职责，为加强和改进公民思想道德建设创造良好的舆论环境。特别是要充分运用广播、电视、网络等传媒力量强化孝德观念，通过各种手段制造和传播有利于形成孝行的社会舆论。当今世界是一个信息网络化的社会，新闻传播非常快捷，几秒钟的时间即可使某一信息传遍于全球的每个角落。任何人都可以是信息传播者，他们的言行举止都会在影响别人的同时，使自己在无形之中也受到他人的影响。一方面，当社会上出现不孝顺父母、有违伦理道德的思想和行为，出现有违孝德内涵的文艺作品时，我们可以快速地反应、出击，及时地谴责、批评和制止。另一方面，也要加强孝德的正面宣传，让人们从优秀的作品和感人的榜样事迹中受到鞭策和鼓舞，去崇尚先进、学习先进。

三、孝德教育的方法

所谓孝德教育的方法，就是教育者和受教育者在具体孝德实践中所采取的思想方法和工作方法，是孝德教育方式和手段的总称。孝德教育的方法对实践孝德教育的内容起着十分重要的作用，孝德教育方法的好坏直接影响孝德教育成果的好坏，因此采用正确、适当的孝德教育方法对孝德教育起着关键性的作用。除了常用的思维训练法、情感陶冶法、行为训练法等具体孝德教育方法以外，还有综合孝德教育法、现代孝德教育法。这些方法之间既相互区别，又相互作用、相互影响，共同促进了孝德教育个体功能与社会功能的整体发挥。

(一)具体孝德教育法

常用的具体孝德教育方法，主要包括思维训练法、情感陶冶法、行为训练法等。这些孝德教育方法都具有一定的理论和实践基础，是孝德教育实践过程中比较常用的教育方法。

第一，思维训练法。思维训练法是诞生于20世纪中期的一种头脑智能开训练的技术与方法，其核心理念是相信"人脑可以像肌肉一样通过后天的训练强化"。其中，代表性的思维训练法有法国的爱德华·德·波诺（Edward de Bono）的"六顶思考帽"工具，以及英国的托尼·布赞（Tony Buzan）的"思维导图"工具。运用思维训练法来开展孝德教育，首先是要学习各国特别是中国的传统孝文化，即通过谈古论今与说西道东，大力宣传孝德理论。中国有五千多年的文明史，孝德教育传统也是源远流长，我们要充分利用各种传统孝德的文化资源，运用讲授法和谈话法宣传孝德的历史发展和时代价值，并结合现代社会出现的一些新情况、新问题开展讨论，加强学生对孝德理论的认识和了解。同时，也要广泛涉猎其他国家有关孝德的思想和理论，丰富和发展我们的孝德认识，为解决现实的人口老龄化问题找到有效之策。其次是走出对传统孝德的认识误区。传统孝德强调子女对父母的绝对服从，在封建家长制下家长的权威性不容子女的质疑和挑战，家庭成员之间的关系是不民主的，走的自上而下的"单行道"，属于单边行为。而现代意义孝德中的亲子关系则应该是平等和谐的，走上下互通的"双行道"，属于双边行为。《孝经·开宗明义》所说的"身体发肤，受之父母，不敢毁伤，孝之始也"，这一孝德思想在当代已被广延为敬畏生命、尊重自己和他人的生命权。传统的孝德体系主要是基于家庭伦理关系来构建的，囿于长幼之间的伦理纲常，存在着一定的局限性，而现代意义的孝德则应该是基于社会、家庭、个体等多因素之间的复杂关系来建构的。①

第二，情感陶冶法。《三字经》有云："人之初，性本善。性相近，习相远。"意思是说人生下来的时候都是善的，只是由于后天成长过程和学习环境的不同，性情才有了好坏的差别，这是儒家性善论的基本观点。在现实生活中，有部分人由于后天实践、环境的影响使人性由善变恶，此时也就越发凸显了孝德教育的价值和意义。因此，利用《孝经》中的孝德思想教育人们向善、行善，具有十分重要的现实意义。所谓情感陶冶法，就是教育者有目的、有计划地运用情感、环境和自身的教育因素，通过开展丰富多彩和喜闻乐见的各种活动，利用环境或者创设一定的情境形象生动地去诠释孝德的真谛，以事明理，以境陶情，使受教育者在思想和道德情操等方面潜移默化地受到感染和熏陶的方法。如开展"百名孝子""十佳孝星"的评选活动，举办孝子演讲比赛、孝文化知识大

① 贺才乐、胡志群：《中国传统孝德及其现代转型探讨》，《理论与改革》2010年第5期，第112页。

赛等竞赛活动等，寓教于乐，陶冶人们的心灵和情操。

孝德教育情感陶冶法主要表现为：一是利用广播、电视、报刊、网络、微博、微信、人人网、QQ 等平台，宣传以孝亲敬老为主要内容的社会主义新型孝德，让人们形成和巩固个人的孝德观念。个人孝德观念的形成是人们其他道德观念形成的基础，更是个人其他善念形成的基石。二是充分整合家庭、学校和全社会的力量，共同利用孝德教育加强对青年的人性陶冶。青年是国家的未来、民族的希望，加强对青年的人性陶冶对整个国家的发展具有重要意义，而且青年正处于人生的过渡阶段和十字路口，也是世界观、人生观和价值观最后形成的关键时期，存在着身体已完全成熟但思想尚不够成熟的矛盾，应抓住青年这一特殊时期，加强对青年的孝德教育，以孝德教育陶冶其人性，完善其人格。三是运用感染教育的方法传播优秀的孝德思想。譬如，以生动、直观的孝德典型事例开展教育活动的形象感染法；以文学、美术、音乐、舞蹈、戏剧、电影或电视等文艺作品宣传孝德思想的艺术感染法；集中众多人群开展孝德教育，促进个体间互相作用、影响的群体感染法。孝德文化作为一种文化软实力，不能用刚性的制度去强迫要求人们接受，而应在人们无意识、不自觉的情况下，以一定的感染体或环境影响、熏陶、感化人们，从而让人们在潜移默化的过程中去接受和认同。总而言之，在以孝德思想陶冶人性向善的过程中，我们要注重社会主义新型孝德文化的宣传、传播与教育工作，将孝德教育内容传播到广大人民群众中去，在孝德文化润物细无声的熏陶中使人性受到陶冶，人格得到升华与完善。

第三，行为训练法。所谓行为训练法，是指教育者有目的、有计划、有组织地训练受教育者，使之形成符合一定教育目标要求的良好行为习惯的方法。这种方法的最大特点是着眼于从知到行的转化、培养人们言行一致的优良品质。行为训练法一般可分为两种类型：一种是基本行为规范的训练，即常规训练；另一种是实践锻炼，包括各种实践活动，如组织到工农业生产第一线参加劳动、参加社会公益活动、接受军训等。

在孝德教育中的行为训练法要求引导学生分清是非，由知到行，身体力行，知行统一，践行孝文化。或是帮助父母做家务，给父母洗脚，替父母捶背；或是积极参加志愿者服务活动特别是参加一些爱老敬老活动，到敬老院慰问老年人，帮助老人打扫卫生，陪老人聊天散步等。其实，行为训练法就是要使孝德教育的内容具体落实到实践中，将孝德教育内容的具体要求付诸于平常生活的一切行为，形成自己固定的行为习惯。行为训练法可从如下方面来具体展开：一是定期召开“孝德文化促养老敬老”座谈会。在座谈会上，可由优秀代表就孝德文化中的养老、敬老部分进行典型发言；可邀请著名孝德文化研究的专家、学者到校园与学生一起交流孝德文化；也可鼓励学生积极发言，广泛地听取学生的意见，及时采纳学生的合理建议。二是学校可定期组织学生开展“孝德文化促养老敬老”体验活动，让学生在生活中践行孝德，促进养老敬老。譬如，可定期组织学生开展“帮父母做一次家务”“给父母梳一次头发”“给父母洗一次脚”“给父母写一封感谢信”等“五个一”活动，让学生理解父母的辛劳，感恩父母对自己的养育之恩。三是进一步完善各项养老敬老的法律法规，严厉处置现实生活中虐待、遗弃老人，甚至是谋害老人的极端事件。成年子女孝敬年迈的父母，不仅是一种道德要求，更是一种法律责任和义务。事实证明，仅依靠宣传教育的方式来劝诫子女行孝，并不能解决所有的问题，我们必须借助法律这种强制手段来制约抑或是惩治不孝行为。虽然关于养老敬老的相关法律法规不少，业已初步形成了一个法律规范体系，但是还不够具体和完善，有的部分条款甚至已经过时，必须做出修订。因此，相关部门必须结合现实案例与新时代的发展要求，对养老敬老的法律法规做出进一步的调整和完善。

（二）综合孝德教育法

综合教育就是“以唯物辩证法关于全面、联系和发展的观点为指导，运用系统论的方法，把各个方面或各种方法的思想政治教育进行有机整合，使之成为具有最大教育合力与最佳教育效果的教育体系”①。由于人们的思想和行为是在相互联系、相互制约的各种主客观条件和因素的影响下产生和发展的，只有采取综合教育的措施，才能使正确的思想和行为得以形成、巩固和发展，使错误的思想和行为得到预防、抑制和纠正。与此相联系，所谓综合孝德教育法，就是教育者在把握各种孝德教育方法各自特点及共同取向的基础上，通过协调整合，形成为共同目标服务、同时或先后运用多种方法开展孝德教育的措施和手段。我们先从法治教育、活动教育、言传身教、朋辈教育等方面进行分类整合，再同时并列地运用各类方法，开展孝德综合教育，以求教育效果的最优化。

① 郑永廷：《思想政治教育方法论》第3版，高等教育出版社2022年版，第286页。

首先是法治教育法，即国家完善立法，实现依法养老。根据我国国情，我们制定了“党政领导、社会参与、全民关怀”的老龄工作指导方针，确定了“老有所养、老有所医、老有所教、老有所学、老有所为、老有所乐”的老龄工作目标。我国的宪法、婚姻法、老年人权益保障法等相关法律，更是明确规定了老年人的各种合法权益，要求不得遗弃、虐待老人，为孝德教育的落实创造了一个良好的社会法治环境。在法律的实践层面，农村养老确实存在着许多实际困难，可大力开展签订《家庭赡养协议书》工作，使农村老年人的养老进一步法治化、规范化、制度化，并采用孝贤榜、公开栏、星级家庭评选等方式，让养老敬老变得看得见、摸得着，感受得到。运用法律强制手段进行孝德教育，具有快速、直接、高效等特点，这种他律方式对于那些不孝之人来说无疑是具有威慑力的。加强执法监督，保障老年人的合法权益，依法养老是义务，更是一个社会人不可逃避的责任。

其次是活动教育法，如社会积极宣扬孝德、评比孝星。2010 年 6 月，北京市老龄协会副会长刘景林在“世界华人孝文化国际研讨会”上表示，北京会在重阳节表彰万名孝子，评选出的“孝星”必须在赡养老人、为老服务工作、捐助老年公益事业方面有感人事迹和突出贡献。宣扬孝德、评比孝星能够突出行孝典型，树立行孝榜样，起到明显的示范作用。其实，只要我们留心观察就不难发现，我们身边有很多鲜活事例在时刻感动着我们。如长春税务学院学生张尚昀背着身患重疾不能自理的母亲打工上大学，四川大学锦城学院学生钟颖献肝救母，中南大学学生洪战辉带着捡来的妹妹打工求学十二载，武汉大学学生黄来女在学事病父，湘潭大学学生杨怀保青春担家道，浙江林学院学生刘霆背母求学业等。这些孝德典型，对于高校孝德教育具有重要示范意义。

再次是言传身教法，即父母以言传孝以行示孝。“家家有老人，人人都会老”，每一个人都要从自身做起，去孝敬父母、关爱老人。家庭是社会的细胞，是最基本的经济、教育单位。一个人正常的人格需要在良好的家庭环境中培养，良好伦理品德的形成更离不开友善和谐家庭环境的教育和影响。在中国典型的“421”倒金字塔式家庭结构中，父母对长辈关心得够不够，照料得多不多，能不能让长辈有个愉悦的晚年，子女全都看在眼里。其实，明朝就有少年程贤以《箩筐警父》来智慧行孝的故事，这是值得我们去深刻反思的，因为不孝的父母是教不出有孝心的孩子的。孩子孝德品质的培养离不开家长的言传身教，家长身体力行，以身示范，为孩子做出榜样，是最有效的孝德教育方法。

最后是朋辈教育法，即个人在深化自律水平的过程中学习朋辈。“腹有诗书气自华”，研习经典可以提升个人的人文素质和精神涵养，了解中国传统孝德发展脉络，“以史为鉴知兴替”“以人为鉴明得失”。所谓朋辈教育，是指具有相同背景、共同语言的人在一起分享思想观念或行为技能，以实现教育目标。朋辈群体特有的思想观念、价值标准、行为规范，对其成员会产生相当大的无形压力，导致朋辈群体成员之间发生价值认同。这就决定了朋辈群体对其成员的思想有较大影响，①这种影响甚至会超过父母和教师。主动向那些孝知、孝行都与社会发展要求一致的朋辈学习，对个人正确孝德品质的形成和发展会起到积极的推动作用。

（三）现代孝德教育法

现代孝德教育法主要是指教育者为了适应现代社会形态和特征的要求，对受教育者施加赋予时代内容的孝德教育影响，以形成良好孝德品质的教育方式和方法的总称。

首先是模式创新法，探索新型孝德实践模式。践行孝德不可避免地要涉及养老模式，主要有家庭养老、个人养老、社区养老等模式。长期以来，我国一直是比较单一的家庭养老的孝德实践模式。尽管随着我国经济社会的深入发展，个体养老和社会养老的孝德实践模式已得到了一定程度的发展，但这两种模式还是小范围的，发展非常有限。目前我国近半家庭的结构模式都是“421”倒金字塔形的，即四个老人、一对夫妇、一个孩子。这种单一的家庭养老模式给子女带来了极大的压力。在欧美，社会养老模式是比较成熟的。我们要找到适合中国国情的孝德实践模式，不管是采用单一的“家庭养老模式”“社区养老模式”“法律养老模式”，还是同时采用其中两种抑或三种不同的复合养老模式，都要根据中国当前养老现状，探索出一条适合中国国情且行之有效的中国式孝德实践模式，使得孝德教育能够“导之以行”。

其次是传媒跟踪法，强调现代传媒及时跟踪报道监控反馈。随着现代科技的飞速发展，现代印刷技术、计算机技术和电子技术，以及融三者于一体的网络技术水平不断提高，大众传媒对人类生活的影响越来越大。在大众传播无孔

① 陈万柏、张耀灿：《思想政治教育学原理》第2版，高等教育出版社2007年版，第110页。

不入的今天，人们自觉、不自觉地接受着媒介对世界的选择和解释。[①] 媒体需要充分挖掘现有资源，以人民喜闻乐见的方式去加大孝德宣传的力度，形成一种强有力的社会舆论环境与氛围，而这种强大的社会舆论导向能使人们清楚地认识到：社会在提倡什么、限制或反对什么。这就形成了一支无形的大手，牵引人们去选择和接受那些社会大力提倡与宣传的孝德信息，从而影响他们孝德行为与习惯的形成和发展。总之，通过媒体的监控可以形成强大的舆论压力，将孝德相关信息及时反馈给个人、社会和政府，引起人们的广泛重视和深刻反思，让人们引以为戒，起到足够的预警作用。

最后是机制分析法，对孝德的运行机理构建模型并做出分析。孝德的运行机理背后是对孝德的运行规律的把握和解读，孝德遵循社会、国家、学校、家庭、传媒、个体六位一体的相互协调、相得益彰的耦合运行机理（图 6-1）。

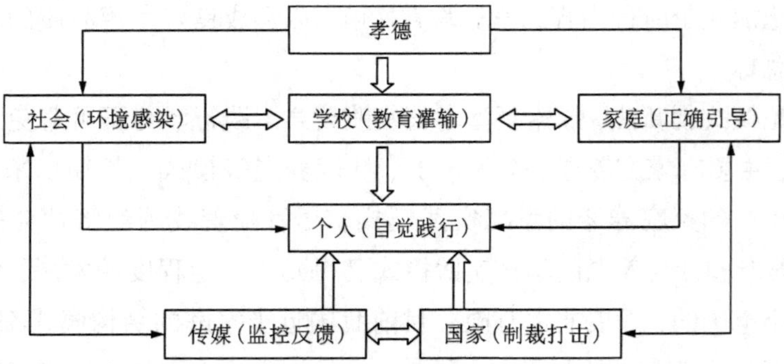

图 6-1 孝德运行机制图

孝德要成为全体社会成员共同遵守的道德规范和伦理要求，需要从社会、学校、家庭三个层面去发挥对个体进行环境感染、教育灌输、正确引导的作用和影响，先将社会的孝德要求内化为个体心中的道德律，个体再通过行为外化表现出来。当个体孝德通过行为外化表现出来时，传媒和国家就要对个体孝德行为进行过程跟踪和全面监控，个体违背孝德规范，媒体就要对其无情地曝光和披露，反之就要对其大力提倡和鼓励。当然，媒体在宣传时要注意更多地宣传一些好的典范，坚持以正面教育为主的原则。国家则根据有关规则和条例，

① 居延安：《信息、沟通、传播》，上海人民出版社 1986 年版，第 185 页。

有针对性地对个体进行制裁或鼓励，然后反馈给社会、学校、家庭。社会、学校、家庭又根据传媒和国家反馈的信息，对个体进行再感染、再灌输、再引导，从而推动个体孝德的再培养，使个体达到一定时期、一定社会所需求的孝德规范应然状态，养成合宜的孝德行为习惯，从而形成良好孝德品质。这是一个完整的孝德运行过程。孝德教育方法只有遵循该孝德运行机理，充分发挥从社会、学校、家庭三个层面对个体进行环境感染、教育灌输、正确引导的作用，才能不断完善和提升个体孝德品质。

结　语

孝德教育的发展趋势

孝德是中华民族的传统美德，孝德教育是孝德的一种重要实践方式。在中国传统社会，孝德教育对提高人的道德修养、维持和谐家庭伦理关系、维护封建统治等，都具有极其重要的作用。但是，传统孝德中确实有些观念已经不适应当今社会的发展要求。传统孝德教育中也有一些不理性的因素，具有鲜明的阶级性和封建愚民性等。尽管如此，孝德教育在当代仍有重要价值和意义。对此应该具体问题具体分析，以现代社会实际发展需要为基础，并对传统孝德教育进行创造性转化和创新性发展，取其精华、去其糟粕，使其呈现出新的时代特征。

一、孝德教育内容的发展

传统孝德主要强调的是对父母的顺从和对君主的忠诚。以此为基础，现代孝德孕育出新的内涵与精神。现代孝德集中表现在亲亲依然是普遍理念，孝亲与现代自由结合，孝亲与现代平等结合，孝亲与现代博爱结合，孝亲与现代法治结合等方面。

一方面，亲亲依然是普遍理念。无论孝德内容如何变化，孝德子女善事父母的本义和精神都会基本保持不变，变化的只是孝德本义和精神在现代社会条件下的具体表现。随着改革开放的不断深入发展，价值观念更加多样化，西方价值观念特别是拜金主义、享乐主义、极端个人主义等腐朽的价值观念也传入并影响青年一代；随着经济全球化趋势的不断增强，世界一体化趋势也日益明显；随着信息网络化的普及和广泛使用，网络空间的虚拟性、即时性、海涵性等特点，使网络成为争夺话语权的新竞争平台，意识形态斗争形势更加复杂，信息网络安全成为新的安全领域。这些新情况无不改变着传统孝德的形态，子女孝敬父母也呈现出新的特点。尽管如此，自然亲情始终是永恒的，亲亲依然是普遍理念。

另一方面，孝亲与自由、平等、博爱、法治结合。自由、平等、博爱、法治是现代文明社会的基本特征，孝亲与四者的结合是孝德内容现代化发展的基本要求。传统孝德的现代理念主要表现为：一是平等、尊重。平等是人际交往的基本原则，但传统孝德是建立在诸多不平等基础上的，包括政治、经济、人格上的不平等。传统孝德现代化就是必须尊重人们在社会生活各个方面的平等地位，就是要更多地强调生命个体的独立性、自主性和唯一性。尊重还意味着不将自己的意志强加于人，而是要承认不同与差异，即求同存异。二是互助、共享。长久以来，父母抚养子女，子女孝顺父母，这种天伦关系自然而然发生。客观上讲，年长一代与年轻一代会逐渐产生“代沟”，但是这种“代沟”并不是不可逾越的鸿沟。三是情感、理智。现代孝德是在理性的支配下表现出来的孝思和孝行，它克服了传统孝德的盲目性，增强了孝德主体践行孝德的积极性、主动性和能动性。

二、孝德教育形式的发展

孝德教育的形式是由孝德教育的内容所决定和制约的。在形式上，孝德教育实现了从传统的等级性、规范化、单一化向现代的民主性、生活化、综合化的转变。

其一，由等级性向民主性转变。中国封建社会不同等级之间的界限是森严的，从中央到地方都有不同级别的学校，如唐代有贵族子弟学校、公族子弟学校、高级官员子弟学校、下级官员子弟学校等，不同等级身份的人可以接受不同级别的教育。譬如在家庭教育中，父子之间要遵循“父为子纲”的等级关系，子女不能违背父母意愿，否则将会被视为不孝。这种严苛的等级制度特别强调子女对父母的单向义务，而忽视或漠视了亲子之间的平等性。在现代社会，由于自由、民主、平等等的观念已经深入人心，家庭成员之间的关系也大大改善，更加强调以血缘关系为基础的亲子、亲情关系。父母对子女也不再是简单的命令或禁止，而是采取民主、平等的沟通交流方式，亲子之间的单向关系已经转变为双向互动关系。在权利和义务方面，父母和子女也主要是一种平等互助关系，父母有义务抚养子女长大成人，并让其接受良好教育，子女也要积极承担赡养父母的责任与义务。

其二，由规范化向生活化转变。传统的孝德教育特别注重形式上的规范性，实质有点过于严格苛刻和繁杂冗长，子女在父母面前必须遵循各种礼仪规范，必须无条件服从，必须认同父母的权威。传统孝德因过于重视形式和规范，而忽视人性和情感。现代的孝德教育则实现了由规范化向生活化的转变：在物质生活方面，子女积极承担赡养父母的责任和义务，能尊重和满足父母的各种合理的生活需要，如为父母选择舒适的居住环境，考虑父母的饮食和生活习惯，时常关注父母的健康状况；在精神生活方面，子女真情回报父母的养育之情，与父母平等沟通和交流，充分了解父母的困难，注意倾听父母的喜怒哀乐，尽量给予父母精神的慰藉和情感上的满足。

其三，由单一化向综合化转变。在传统的农业社会，孝德教育主要是线下面授这种单一方式。但是，随着现代网络技术的不断深入发展和广泛运用，网络线上教育作为孝德教育的一种新型表现形态，也成了传统线下孝德教育的一个必要补充，现代孝德教育正在向线上线下综合方式方向发展。

三、孝德教育地位的转变

从发展趋势上来看，孝德和孝德教育的地位也悄然发生了转变，由传统的泛孝主义回归到家庭主义，由中心化转变为多元化。

其一，由泛孝主义回归到家庭主义。孝德起源于家庭，诞生于家庭，本应局限于家庭范围之内。原始的孝德教育最看重的是对祖先的崇拜和对父母的尊敬与奉养，但后来的封建统治者为了维护其封建统治和自身阶级利益，而将孝德教育披上了合法的政治外衣，将子女对父母的孝敬转移到对君主的忠诚上，也就是所谓的“移孝忠君”或“移孝作忠”。因此，孝德教育的内容渗透到了政治意识形态的方方面面，成为统治者依靠家庭这一单元组织有效实现阶级统治的工具。在当今的中国社会中，孝德教育的政治色彩已被大大淡化，自由、民主、平等思想观念日益凸显，孝德教育需要重新回归到家庭层面。总之，孝德教育回归家庭是社会发展和家庭和谐的必然要求和必然趋势，孝德教育在促进社会和谐与家庭和睦方面始终扮演着重要角色。

其二，由中心化转变为多元化。孝德被看作中国传统道德的首德，是其他德目的中心和基础。在封建社会，孝德是衡量和判断一个人道德水平和社会文明程度的唯一标准。因此，孝德教育在封建社会中占据了相当重要的地位，甚至以孝德来选拔人才，"以孝治天下"。在当今中国社会，经济和社会有了很大的发展，人们的活动范围业已扩展到政治、经济、文化生活的方方面面，现代孝德教育也涉及政治、经济、文化的各个领域，道德教育不仅仅只强调孝德教育这一内容。此外，不同的历史时期有着不同的道德评价标准。在新的历史时期，社会主义道德建设的内容不仅包括孝德，还包括爱国守法、明礼诚信、团结友善、勤俭自强、敬业奉献等公民基本道德规范。现代社会没有将孝德教育摆在至高无上的地位，而是将孝德教育与勤俭节约、敬业奉献、爱国守法等其他方面的教育内容并列，做到均衡发展、全面发展和多元发展。

习近平总书记指出："传统文化在其形成和发展过程中，不可避免会受到当时人们的认识水平、时代条件、社会制度的局限性的制约和影响，因而也不可避免会存在陈旧过时或已成为糟粕性的东西"①。传统孝德文化也是如此，我们的任务就是揭示出传统孝德适合新时代要求的内容，赋予其新的含义，努力实现传统孝德的创造性转化和创新性发展。所谓"创造性转化，就是要按照时代特点和要求，对那些至今仍有借鉴价值的内涵和陈旧的表现形式加以改造，赋予其新的时代内涵和现代表达形式，激活其生命力。创新性发展，就是要按照时代的新进步新进展，对中华优秀传统文化的内涵加以补充、拓展、完善，增强其影响力和感召力。"②总之，建成人格平等、义务双向、情理相济的新时代孝德，实现中国传统孝德的创造性转化和创新性发展，必将是一个浩大的系统工程，我们也必将任重而道远。

---

① 《习近平著作选读》第1卷，人民出版社2023年版，第281页。

② 习近平：《论党的宣传思想工作》，中央文献出版社2020年版，第57页。

附　录

附录1:《孝经》

《孝经》原文

开宗明义章第一

仲尼居，曾子持。子曰:“先王有至德要道，以训天下，民用和睦，上下无怨，汝知之乎?”曾子避席曰:“参不敏，何足以知之?”子曰:“夫孝，德之本也，教之所由生也。复坐，吾语汝。”“身体发肤，受之父母，不敢毁伤，孝之始也。立身行道，扬名于后世，以显父母，孝之终也。”“夫孝，始于事亲，中于事君，终于立身。”《大雅》曰:“无念尔祖，聿修厥德。”

天子章第二

子曰:“爱亲者，不敢恶于人；敬亲者，不敢慢于人。爱敬尽于事亲，而德教加于百姓，刑于四海，盖天子之孝也。”《甫刑》云:“一人有庆，兆民赖之。”

诸侯章第三

在上不骄，高而不危；制节谨度，满而不溢。高而不危，所以长守贵也。满而不溢，所以长守富也。富贵不离其身，然后能保其社稷，而和其民人，盖诸侯之孝也。《诗》云:“战战兢兢，如临深渊，如履薄冰。”

卿大夫章第四

非先王之法服不敢服，非先王之法言不敢道，非先王之德行不敢行。是故非法不言，非道不行，口无择言，身无择行，言满天下无口过，行满天下无怨恶。三者备矣，然后能守其宗庙，盖卿大夫之孝也。《诗》云：“夙夜匪懈，以事一人。”

士章第五

资于事父以事母，而爱同；资于事父以事君，而敬同。故母取其爱，而君取其敬，兼之者父也。故以孝事君则忠，以敬事长则顺。忠顺不失，以事其上，然后能保其禄位，而守其祭祀，盖士之孝也。《诗》云：“夙兴夜寐，无忝尔所生。”

庶人章第六

用天之道，分地之利，谨身节用，以养父母，此庶人之孝也。故自天子至于庶人，孝无终始，而患不及者，未之有也。

三才章第七

曾子曰：“甚哉！孝之大也。”子曰：“夫孝，天之经也，地之义也，民之行也。天地之经，而民是则之。则天之明，因地之利，以顺天下。是以其教不肃而成，其政不严而治。先王见教之可以化民也，是故先之以博爱，而民莫遗其亲；陈之以德义，而民兴行；先之以敬让，而民不争；导之以礼乐，而民和睦；示之以好恶，而民和禁。”《诗》云：“赫赫师尹，民具尔瞻。”

孝治章第八

子曰：“昔者明王之以孝治天下也，不敢遗小国之臣，而况于公、侯、伯、子、男乎，故得万国之欢心，以事其先王。治国者，不敢侮于鳏寡，而况于士民乎？故得百姓之欢心，以事其先君。治家者，不敢失于臣妾，而况于妻子乎，故得人之欢心，以事其亲。夫然，故生则亲安之，祭则鬼享之。是以天下和平，灾害不生，祸乱不作。故明王之以孝治天下也如此。”《诗》云：“有觉德行，四国顺之。”

圣治章第九

曾子曰：“敢问圣人之德，无以加于孝乎？”子曰：“天地之性，人为贵。人之行，莫大于孝。孝莫大于严父，严父莫大于配天，则周公其人也。昔者周公郊祀后稷，以配天。宗祀文王于明堂，以配上帝。是以四海之内，各以其职来祭。夫圣人之德，又何以加于孝乎。故亲生之膝下，以养父母日严。圣人因严以教敬，因亲以教爱。圣人之教，不肃而成，其政不严而治，其所因者本也。父子之道，天性也。君臣之义也。父母生之，续莫大焉。君亲临之，厚莫重焉。故不爱其亲而爱他人者，谓之悖德；不敬其亲而敬他人者，谓之悖礼。以顺则逆，民无则焉。不在于善，而皆在于凶德，虽得之，君子不贵也。君子则不然，言思可道，行思可乐，德义可尊，作事可法，容止可观，进退可度，以临其民。是以其民畏而爱之，则而象之。故能成其德教，而行其政令。"《诗》云："淑人君子，其仪不忒。"

纪孝行章第十

子曰："孝子之事亲也，居则致其敬，养则致其乐，病则致其忧，丧则致其哀，祭则致其严。五者备矣，然后能事亲。事亲者，居上不骄，为下不乱，在丑不争。居上而骄则亡，为下而乱则刑，在丑而争则兵。三者不除，虽日用三牲之养，犹为不孝也。"

五刑章第十一

子曰："五刑之属三千，而罪莫大于不孝。要君者无上，非圣人者无法，非孝者无亲，此大乱之道也。"

广要道章第十二

子曰："教民亲爱，莫善于孝。教民礼顺，莫善于悌。移风易俗，莫善于乐。安上治民，莫善于礼。礼者，敬而已矣。故敬其父，则子悦。敬其兄，则弟悦。敬其君，则臣悦。敬一人而千万人悦。所敬者寡，而悦者众，此之谓要道也。"

广至德章第十三

子曰："君子之教以孝也，非家至而日见之也。教以孝，所以敬天下之为人父者也。教以悌，所以敬天下之为人兄者也。教以臣，所以敬天下之为人君者也。"《诗》云："恺悌君子，民之父母。非至德，其孰能顺民如此其大者乎？"

广扬名章第十四

子曰："君子之事亲孝，故忠可移于君。事兄悌，故顺可移于长。居家理，故治可移于官。是以行成于内，而名立于后世矣。"

谏诤章第十五

曾子曰："若夫慈爱、恭敬、安亲、扬名，则闻命矣。敢问子从父之令，可谓孝乎？"子曰："是何言与？是何言与？昔者天子有争臣七人，虽无道不失其天下。诸侯有争臣五人，虽无道不失其国。大夫有争臣三人，虽无道不失其家。士有争友，则身不离于令名。父有争子，则身不陷于不义。故当不义，则子不可以不争于父，臣不可以不争于君。故当不义，则争之。从父之令，又焉得为孝乎？"

感应章第十六

子曰："昔者明王，事父孝，故事天明；事母孝，故事地察；长幼顺，故上下治。天地明察，神明彰矣。故虽天子，必有尊也，言有父也；必有先也，言有兄也。宗庙致敬，不忘亲也。修身慎行，恐辱先也。宗庙致敬，鬼神著矣。孝悌之至，通于神明，光于四海，无所不通。"《诗》云："自西自东，自南自北，无思不服。"

事君章第十七

子曰："君子之事上也，进思尽忠，退思补过，将顺其美，匡救其恶，故上下能相亲也。"《诗》云："心乎爱矣，遐不谓矣，中心藏之，何日忘之。"

丧亲章第十八

子曰："孝子之丧亲也，哭不偯，礼无容，言不文，服美不安，闻乐不乐，食旨不甘，此哀戚之情也。三日而食，教民无以死伤生，毁不灭性，此圣人之政也。丧不过三年，示民有终也。为之棺椁衣衾而举之，陈其簠簋而哀戚之；擗踊哭泣，哀以送之；卜其宅兆，而安措之；为之宗庙，以鬼享之；春秋祭祀，以时思之。生事爱敬，死事哀戚，生民之本尽矣，死生之义备矣，孝子之事亲终矣。"

《孝经》译文

开宗明义章第一

孔子在家里闲坐，他的学生曾子侍坐在旁边。孔子说："先代的帝王有其至高无上的品行和最重要的道德，以其使天下人心归顺，人民和睦相处。人们无论是尊贵还是卑贱，上上下下都没有怨恨不满。你知道那是为什么吗？"曾子站起身来，离开自己的座位回答说："学生我不够聪敏，哪里会知道呢？"孔子说："这就是孝。它是一切德行的根本，也是教化产生的根源。你回原来位置坐下，我告诉你。人的身体四肢、毛发皮肤，都是父母赋予的，不敢予以损毁伤残，这是孝的开始。人在世上遵循仁义道德，有所建树，显扬名声于后世，从而使父母显赫荣耀，这是孝的终极目标。所谓孝，最初是从侍奉父母开始，然后效力于国君，最终建功立业，功成名就。"《诗经·大雅·文王》篇中说过："怎么能不思念你的先祖呢？要称述修行先祖的美德啊！"

天子章第二

孔子说："能够亲爱自己父母的人，就不会厌恶别人的父母，能够尊敬自己父母的人，也不会怠慢别人的父母。以亲爱恭敬的心情尽心尽力地侍奉双亲，而将德行教化施之于黎民百姓，使天下百姓遵从效法，这就是天子的孝道呀！"《尚书·甫刑》里说："天子一人有善行；万方民众都仰赖他。"

诸侯章第三

身为诸侯，在众人之上而不骄傲，其位置再高也不会有倾覆的危险；生活节俭、慎行法度，财富再充裕丰盈也不会损溢。居高位而没有倾覆的危险，所以能够长久保持自己的尊贵地位；财富充裕而不奢靡挥霍，所以能够长久地守住自己的财富。能够保持富有和尊贵，然后才能保住家国的安全，与其黎民百姓和睦相处。这大概就是诸侯的孝道吧。《诗经·小雅·小曼》篇中说："战战兢兢，就像身临深水潭边恐怕坠落，脚踩薄冰之上担心陷下去那样，小心谨慎地处事。"

卿大夫章第四

不是先代圣明君王所制定的合乎礼法的衣服，不敢穿戴；不是先代圣明君王所说的合乎礼法的言语，不敢说；不是先代圣明君王实行的道德准则和行为，不敢去做。所以不合乎礼法的话不说，不合乎礼法道德的行为不做；开口说话不需选择就能合乎礼法，自己的行为不必着意考虑也不会越轨。于是所说的话即便天下皆知也不会有过失之处，所做的事传遍天下也不会遇到怨恨厌恶。衣饰、语言、行为这三点都能做到遵从先代圣明君王的礼法准则，然后才能守住自己祖宗的香火延续兴盛。这就是卿、大夫的孝道啊！《诗经·大雅·民》里说："要从早到晚勤勉不懈，专心奉事天子。"

士章第五

用奉事父亲的心情去奉事母亲，爱心是相同的；用奉事父亲的心情去奉事国君，崇敬之心也是相同的。所以奉事母亲是用爱心，奉事国君是用尊敬之心，两者兼而有之的是对待父亲。因此用孝道来奉事国君就忠诚，用尊敬之道奉事上级则顺从。能做到忠诚顺从地奉事国君和上级，然后即能保住自己的俸禄和职位，并能守住自己对祖先的祭祀。这就是士人的孝道啊！《诗经·小雅·小宛》里说："要早起晚睡地去做，不要辱及生养你的父母。"

庶人章第六

利用自然的季节，认清土地的高下优劣，行为谨慎，节省俭约，以此来孝养父母，这就是普通老百姓的孝道了。所以上自天子，下至普通老百姓，不论尊卑高下，孝道是无始无终，永恒存在的，有人担心自己不能做到孝，那是没有的事情。

三才章第七

曾子说："太伟大了！孝道是多么博大高深呀！"孔子说："孝道犹如天上日月星辰的运行，地上万物的自然生长，天经地义，乃是人类最为根本首要的品行。天地有其自然法则，人类从其法则中领悟到实行孝道是为自身的法则而遵循它。效法上天那永恒不变的规律，利用大地自然四季中的优势，顺乎自然规律对天下民众施以政教。因此其教化不须严肃施为就可成功，其政治不须严厉推行就能得以治理。从前的贤明君主看到通过教育可以感化民众，所以他首先表现为博爱，人民因此没敢遗弃父母双亲的；向人民陈述道德、礼义，人民就起来去遵行，他又率先以恭敬和谦让垂范于人民，于是人民就不争斗；用礼仪和音乐引导他们，人民就和睦相处；告诉人民对值得喜好的美的东西和令人厌恶的丑的东西的区别，人民就知道禁令而不犯法了。"《诗经·小雅·节南山》篇中说："威严而显赫的太师尹氏，人民都仰望着你。"

孝治章第八

孔子说："从前圣明的君王是以孝道治理天下的，即便是对极卑微的小国的臣属也不遗弃，更何况是公、侯、伯、子、男五等诸侯了。所以会得到各诸侯国臣民的欢心，使他们奉祀先王。治理一个封国的诸侯，即便是对失去妻子的男人和丧夫守寡的女人也不敢欺侮，更何况对他属下的臣民百姓了，所以会得到老百姓的欢心，使他们帮助诸侯祭祀祖先。治理自己卿邑的卿大夫，即便对于臣仆婢妾也不失礼，更何况对其妻子、儿女了，所以会得到众人的欢心，使他们乐意奉事其父母亲。只有这样，才会让父母双亲在世时安乐、祥和地生活，死后成为鬼神享受到后代的祭祖。因此也就能够使天下祥和太平，自然灾害不发生，人为的祸乱不会出现。所以圣明的君王以孝道治理天下，就会像上面所说的那样。"《诗经·大雅·仰之》篇中说："天子有伟大的德行，四方的国家都会归顺他。"

圣治章第九

曾子说："我很冒昧地请问，圣人的德行，没有比孝道更大的了吗？"孔子说："天地万物之中，以人类最为尊贵。人类的行为，没有比孝道更为重大的了。在孝道之中，没有比敬重父亲更重要的了。敬重父亲，没有比在祭天的时候，将祖先配祀天帝更为重大的了，而只有周公能够做到这一点。当初，周公在郊外祭天的时候，把其始祖后稷配把天帝；在明堂祭祀，又把父亲文王配祀天帝。因为他这样做，所以全国各地诸侯能够恪尽职守，前来协助他的祭祀活动。可见圣人的德行，又有什么能超出孝道之上呢？因为子女对父母亲的敬爱，在年幼相依父母亲膝下时就产生了，待到逐渐长大成人，则一天比一天懂得了对父母亲尊严的爱敬。圣人就是依据这种子女对父母尊敬的天性，教导人们对父母孝敬；又因为子女对父母天生的亲情，教导他们爱的道理。圣人的教化之所以不必严厉地推行就可以成功，圣人对国家的管理不必施以严厉粗暴的方式就可以治理好，是因为他们因循的是孝道这一天生自然的根本天性。父亲与儿子的亲恩之情，乃出于人类天生的本性，也体现了君主与臣属之间的义理关系。父母生下儿女以传宗接代，没有比此更为重要的了；父亲对于子女又犹如尊严的君王，其施恩于子女，没有比这样的恩爱更厚重的了。所以那种不敬爱自己的父母却去爱敬别人的行为，叫作违背道德；不尊敬自己的父母而尊敬别人的行为，叫作违背礼法。不是顺应人心天理地爱敬父母，偏偏要逆天理而行，人民就无从效法了。不是在身行爱敬的善道上下功夫，相反凭借违背道德礼法的恶道施为，虽然能一时得志，也是为君子所鄙视的。君子的作为则不是这样，其言谈，必须考虑到要让人们所称道奉行；其作为，必须想到可以给人们带来欢乐，其立德行义，能使人民为之尊敬；其行为举止，可使人民予以效法；其容貌行止，皆合规矩，使人们无可挑剔；其一进一退，不越礼违法，成为人民的楷模。君子以这样的作为来治理国家，统治黎民百姓，所以民众敬畏而爱戴他，并学习仿效其作为。所以君子能够成就其德治教化，顺利地推行其法规、命令。"《诗经·曹风·鸠》篇中说："善人君子，其容貌举止丝毫不差。"

纪孝行章第十

孔子说："孝子对父母亲的侍奉，在日常家居的时候，要竭尽对父母的恭敬，在饮食生活的奉养时，要保持和悦愉快的心情去服侍；父母生了病，要带着忧虑的心情去照料；父母去世了，要竭尽悲哀之情料理后事；对先人的祭祀，要严肃对待；礼法不乱。这五方面做得完备周到了，方可称为对父母尽到了子女的责任。侍奉父母双亲，要身居高位而不骄傲蛮横，身居下层而不为非作乱，在民众中间和顺相处、不与人争斗。身居高位而骄傲自大者势必要灭亡，在下层而为非作乱者免不了遭受刑罚，在民众中争斗则会引起相互残杀。这骄、乱、争三项恶事不戒除，即便对父母天天用牛羊猪三牲的肉食尽心奉养，也还是不孝之人啊。"

五刑章第十一

孔子说："五刑所属的犯罪条例有三千之多，其中没有比不孝的罪过更大的了。用武力胁迫君主的人，是眼中没有君主的存在；诽谤圣人的人，是眼中没有法纪；对行孝的人有非议、不恭敬，是眼中没有父母双亲的存在。这三种人的行径，乃天下大乱的根源所在。"

广要道章第十二

孔子说："教育人民互相亲近友爱，没有比倡导孝道更好的了。教育人民礼貌和顺，没有比服从自己兄长更好的了。转移风气、改变旧的习惯制度，没有比用音乐教化更好的了。更使君主安心，人民驯服，没有比用礼教办事更好的了。所谓的礼，也就是敬爱而已。所以尊敬他人的父亲，其儿子就会喜悦；尊敬他人的兄长，其弟弟就愉快；尊敬他人的君主，其臣下就高兴。敬爱一个人，却能使千万人高兴愉快。所尊敬的对象虽然只是少数，为之喜悦的人却有千千万万，这就是礼敬作为要道的意义之所在啊。”

广至德章第十三

孔子说：“君子教人以行孝道，并不是挨家挨户去推行，也不是天天当面去教导。君子教人行孝道，是让天下为父亲的人都能得到尊敬。教人以为弟之道，是让天下为兄长的人都能受到尊敬。教人以为臣之道，是让天下为君主的能受到尊敬。”《诗经·大雅· 酌》篇里说：“和乐平易的君子，是民众的父母。不是具有至高无上的德行，其怎么能使天下民众顺从而如此伟大呢！”

广扬名章第十四

孔子说：“君子侍奉父母亲能尽孝，所以能把对父母的孝心移作对国君的忠心；奉事兄长能尽敬，所以能把这种尽敬之心移作对前辈或上司的敬顺；在家里能处理好家务，所以会把理家的道理移于做官治理国家。因此说能够在家里尽孝悌之道、治理好家政的人，其名声也就会显扬于后世了。”

谏诤章第十五

曾子说：“像慈爱、恭敬、安亲、扬名这些孝道，已经听过了天子的教诲，我想再冒昧地问一下，做儿子的一味遵从父亲的命令，就可称得上是孝顺了吗？”孔子说：“这是什么话呢？这是什么话呢？从前，天子身边有 7 个直言相谏的诤臣，因此，纵使天子是个无道昏君，他也不会失去其天下；诸侯有直言谏诤的诤臣 5 人，即便自己是个无道君主，也不会失去他的诸侯国地盘；卿大夫也有 3 位直言劝谏的臣属，所以即使他是个无道之臣，也不会失去自己的家园。普通的读书人有直言劝诤的朋友，自己的美好名声就不会丧失；为父亲的有敢于直言力诤的儿子，就能使父亲不会陷身于不义之中。因此在遇到不义之事时，如系父亲所为，做儿子的不可以不劝诤力阻；如系君王所为，做臣子的不可以不直言谏诤。所以对于不义之事，一定要谏诤劝阻。如果只是遵从父亲的命令，又怎么称得上是孝顺呢？”

感应章第十六

孔子说：“从前，贤明的帝王奉事父亲很孝顺，所以在祭祀天帝时能够明白上天覆庇万物的道理；奉事母亲很孝顺，所以在社祭后土时能够明察大地孕育万物的道理；理顺处理好长幼秩序，所以对上下各层也就能够治理好。能够明察天地覆育万物的道理，神明感应其诚，就会彰明神灵、降临福瑞来保佑。所以虽然尊贵为天子，也必然有他所尊敬的人，这就是指他有父亲；必然有先他出生的人，这就是指他有兄长。到宗庙里祭祀致以恭敬之意，是没有忘记自己的亲人；修身养心，谨慎行事，是因为害怕因自己的过失而使先人蒙受羞侮辱。到宗庙祀表达敬意，神明就会出来享受。对父母兄长孝敬顺从达到了极致，即可以通达于坤明，光照天下，任何地方都可以感应相通。”《诗经·大雅·文王有声》篇中说：“从西到东，从南到北，没有人不想悦服的。”

事君章第十七

孔子说：“君子奉事君王，在朝廷为官的时候，要想看如何竭尽其忠心；退官居家的时候，要想看如何补救君王的过失。对于君王的优点，要顺应发扬；对于君王的过失缺点，要匡正补救，所以君臣关系才能够相互亲敬。”《诗经·小雅·隰桑》篇中说：“心中充溢着爱敬的情怀，无论多么遥远，这片真诚的爱心永久藏在心中，从不会有忘记的那一天。”

丧亲章第十八

孔子说：“孝子丧失了父母亲，要哭得声嘶力竭，发不出悠长的哭腔；举止行为失去了平时的端正礼仪，言语没有了条理文采，穿上华美的衣服就心中不安，听到美妙的音乐也不快乐，吃美味的食物不觉得好吃，这是做子女的因失去亲人而悲伤忧愁的表现。父母之丧，3 天之后就要吃东西，这是教导人民不要因失去亲人的悲哀而损伤生者的身体，不要因过度的哀毁而灭绝人生的天性，这是圣贤君子的为政之道。为亲人守丧不超过 3 年，是告诉人们居丧是有其终止期限的。办丧事的时候，要为去世的父母准备好棺材、外棺、穿戴的衣饰和铺盖的被子等，妥善地安置进棺内，陈列摆设上 、簠类祭奠器具，以寄托生者的哀痛和悲伤。出殡的时候，捶胸顿足，嚎啕大哭地哀痛出送。占卜墓穴吉地以安葬。兴建起祭祀用的庙宇，使亡灵有所归依并享受生者的祭祀。在春秋两季举行祭祀，以表示生者无时不思念亡故的亲人。在父母亲在世时以爱和敬来奉事他们，在他们去世后，则怀着悲哀之情料理丧事，如此尽到了人生在世应尽的本分和义务。养生送死的大义都做到了，才算是完成了作为孝子侍奉亲人的义务。”

附录2：新“二十四孝”行动标准

1. 经常带着爱人、子女回家
2. 节假日尽量与父母共度
3. 为父母举办生日宴会
4. 亲自给父母做饭
5. 每周给父母打个电话
6. 父母的零花钱不能少
7. 为父母建立“关爱卡”
8. 仔细聆听父母的往事
9. 教父母学会上网
10. 经常为父母拍照
11. 对父母的爱要说出口
12. 打开父母的心结
13. 支持父母的业余爱好
14. 支持单身父母再婚
15. 定期带父母做体检
16. 为父母购买合适的保险
17. 常跟父母做交心的沟通
18. 带父母一起出席重要的活动
19. 带父母参观你工作的地方
20. 带父母去旅行或故地重游
21. 和父母一起锻炼身体
22. 适当参与父母的活动
23. 陪父母拜访他们的老朋友
24. 陪父母看一场老电影

附录3:《中华人民共和国老年人权益保障法》

(1996年8月29日第八届全国人民代表大会常务委员会第二十一次会议通过 根据2009年8月27日第十一届全国人民代表大会常务委员会第十次会议《关于修改部分法律的决定》第一次修正 2012年12月28日第十一届全国人民代表大会常务委员会第三十次会议修订 根据2015年4月24日第十二届全国人民代表大会常务委员会第十四次会议《关于修改〈中华人民共和国电力法〉等六部法律的决定》第二次修正 根据2018年12月29日第十三届全国人民代表大会常务委员会第七次会议《关于修改〈中华人民共和国劳动法〉等七部法律的决定》第三次修正)

第一章 总 则

第一条 为了保障老年人合法权益，发展老龄事业，弘扬中华民族敬老、养老、助老的美德，根据宪法，制定本法。

第二条 本法所称老年人是指六十周岁以上的公民。

第三条 国家保障老年人依法享有的权益。

老年人有从国家和社会获得物质帮助的权利，有享受社会服务和社会优待的权利，有参与社会发展和共享发展成果的权利。

禁止歧视、侮辱、虐待或者遗弃老年人。

第四条 积极应对人口老龄化是国家的一项长期战略任务。

国家和社会应当采取措施，健全保障老年人权益的各项制度，逐步改善保障老年人生活、健康、安全以及参与社会发展的条件，实现老有所养、老有所医、老有所为、老有所学、老有所乐。

第五条 国家建立多层次的社会保障体系，逐步提高对老年人的保障水平。

国家建立和完善以居家为基础、社区为依托、机构为支撑的社会养老服务体系。

倡导全社会优待老年人。

第六条 各级人民政府应当将老龄事业纳入国民经济和社会发展规划，将老龄事业经费列入财政预算，建立稳定的经费保障机制，并鼓励社会各方面投入，使老龄事业与经济、社会协调发展。

国务院制定国家老龄事业发展规划。县级以上地方人民政府根据国家老龄事业发展规划，制定本行政区域的老龄事业发展规划和年度计划。

县级以上人民政府负责老龄工作的机构，负责组织、协调、指导、督促有关部门做好老年人权益保障工作。

第七条　保障老年人合法权益是全社会的共同责任。

国家机关、社会团体、企业事业单位和其他组织应当按照各自职责，做好老年人权益保障工作。

基层群众性自治组织和依法设立的老年人组织应当反映老年人的要求，维护老年人合法权益，为老年人服务。

提倡、鼓励义务为老年人服务。

第八条　国家进行人口老龄化国情教育，增强全社会积极应对人口老龄化意识。

全社会应当广泛开展敬老、养老、助老宣传教育活动，树立尊重、关心、帮助老年人的社会风尚。

青少年组织、学校和幼儿园应当对青少年和儿童进行敬老、养老、助老的道德教育和维护老年人合法权益的法制教育。

广播、电影、电视、报刊、网络等应当反映老年人的生活，开展维护老年人合法权益的宣传，为老年人服务。

第九条　国家支持老龄科学研究，建立老年人状况统计调查和发布制度。

第十条　各级人民政府和有关部门对维护老年人合法权益和敬老、养老、助老成绩显著的组织、家庭或者个人，对参与社会发展做出突出贡献的老年人，按照国家有关规定给予表彰或者奖励。

第十一条　老年人应当遵纪守法，履行法律规定的义务。

第十二条　每年农历九月初九为老年节。

第二章　家庭赡养与扶养

第十三条　老年人养老以居家为基础，家庭成员应当尊重、关心和照料老年人。

第十四条　赡养人应当履行对老年人经济上供养、生活上照料和精神上慰藉的义务，照顾老年人的特殊需要。

赡养人是指老年人的子女以及其他依法负有赡养义务的人。

赡养人的配偶应当协助赡养人履行赡养义务。

第十五条 赡养人应当使患病的老年人及时得到治疗和护理；对经济困难的老年人，应当提供医疗费用。

对生活不能自理的老年人，赡养人应当承担照料责任；不能亲自照料的，可以按照老年人的意愿委托他人或者养老机构等照料。

第十六条 赡养人应当妥善安排老年人的住房，不得强迫老年人居住或者迁居条件低劣的房屋。

老年人自有的或者承租的住房，子女或者其他亲属不得侵占，不得擅自改变产权关系或者租赁关系。

老年人自有的住房，赡养人有维修的义务。

第十七条 赡养人有义务耕种或者委托他人耕种老年人承包的田地，照管或者委托他人照管老年人的林木和牲畜等，收益归老年人所有。

第十八条 家庭成员应当关心老年人的精神需求，不得忽视、冷落老年人。

与老年人分开居住的家庭成员，应当经常看望或者问候老年人。

用人单位应当按照国家有关规定保障赡养人探亲休假的权利。

第十九条 赡养人不得以放弃继承权或者其他理由，拒绝履行赡养义务。

赡养人不履行赡养义务，老年人有要求赡养人付给赡养费等权利。

赡养人不得要求老年人承担力不能及的劳动。

第二十条 经老年人同意，赡养人之间可以就履行赡养义务签订协议。赡养协议的内容不得违反法律的规定和老年人的意愿。

基层群众性自治组织、老年人组织或者赡养人所在单位监督协议的履行。

第二十一条 老年人的婚姻自由受法律保护。子女或者其他亲属不得干涉老年人离婚、再婚及婚后的生活。

赡养人的赡养义务不因老年人的婚姻关系变化而消除。

第二十二条 老年人对个人的财产，依法享有占有、使用、收益和处分的权利，子女或者其他亲属不得干涉，不得以窃取、骗取、强行索取等方式侵犯老年人的财产权益。

老年人有依法继承父母、配偶、子女或者其他亲属遗产的权利，有接受赠与的权利。子女或者其他亲属不得侵占、抢夺、转移、隐匿或者损毁应当由老年人继承或者接受赠与的财产。

老年人以遗嘱处分财产，应当依法为老年配偶保留必要的份额。

第二十三条　老年人与配偶有相互扶养的义务。

由兄、姐扶养的弟、妹成年后，有负担能力的，对年老无赡养人的兄、姐有扶养的义务。

第二十四条　赡养人、扶养人不履行赡养、扶养义务的，基层群众性自治组织、老年人组织或者赡养人、扶养人所在单位应当督促其履行。

第二十五条　禁止对老年人实施家庭暴力。

第二十六条　具备完全民事行为能力的老年人，可以在近亲属或者其他与自己关系密切、愿意承担监护责任的个人、组织中协商确定自己的监护人。监护人在老年人丧失或者部分丧失民事行为能力时，依法承担监护责任。

老年人未事先确定监护人的，其丧失或者部分丧失民事行为能力时，依照有关法律的规定确定监护人。

第二十七条　国家建立健全家庭养老支持政策，鼓励家庭成员与老年人共同生活或者就近居住，为老年人随配偶或者赡养人迁徙提供条件，为家庭成员照料老年人提供帮助。

第三章　社会保障

第二十八条　国家通过基本养老保险制度，保障老年人的基本生活。

第二十九条　国家通过基本医疗保险制度，保障老年人的基本医疗需要。享受最低生活保障的老年人和符合条件的低收入家庭中的老年人参加新型农村合作医疗和城镇居民基本医疗保险所需个人缴费部分，由政府给予补贴。

有关部门制定医疗保险办法，应当对老年人给予照顾。

第三十条　国家逐步开展长期护理保障工作，保障老年人的护理需求。

对生活长期不能自理、经济困难的老年人，地方各级人民政府应当根据其失能程度等情况给予护理补贴。

第三十一条　国家对经济困难的老年人给予基本生活、医疗、居住或者其他救助。

老年人无劳动能力、无生活来源、无赡养人和扶养人，或者其赡养人和扶养人确无赡养能力或者扶养能力的，由地方各级人民政府依照有关规定给予供养或者救助。

对流浪乞讨、遭受遗弃等生活无着的老年人，由地方各级人民政府依照有关规定给予救助。

第三十二条　地方各级人民政府在实施廉租住房、公共租赁住房等住房保障制度或者进行危旧房屋改造时，应当优先照顾符合条件的老年人。

第三十三条　国家建立和完善老年人福利制度，根据经济社会发展水平和老年人的实际需要，增加老年人的社会福利。

国家鼓励地方建立八十周岁以上低收入老年人高龄津贴制度。

国家建立和完善计划生育家庭老年人扶助制度。

农村可以将未承包的集体所有的部分土地、山林、水面、滩涂等作为养老基地，收益供老年人养老。

第三十四条　老年人依法享有的养老金、医疗待遇和其他待遇应当得到保障，有关机构必须按时足额支付，不得克扣、拖欠或者挪用。

国家根据经济发展以及职工平均工资增长、物价上涨等情况，适时提高养老保障水平。

第三十五条　国家鼓励慈善组织以及其他组织和个人为老年人提供物质帮助。

第三十六条　老年人可以与集体经济组织、基层群众性自治组织、养老机构等组织或者个人签订遗赠扶养协议或者其他扶助协议。

负有扶养义务的组织或者个人按照遗赠扶养协议，承担该老年人生养死葬的义务，享有受遗赠的权利。

第四章　社会服务

第三十七条　地方各级人民政府和有关部门应当采取措施，发展城乡社区养老服务，鼓励、扶持专业服务机构及其他组织和个人，为居家的老年人提供生活照料、紧急救援、医疗护理、精神慰藉、心理咨询等多种形式的服务。

对经济困难的老年人，地方各级人民政府应当逐步给予养老服务补贴。

第三十八条　地方各级人民政府和有关部门、基层群众性自治组织，应当将养老服务设施纳入城乡社区配套设施建设规划，建立适应老年人需要的生活服务、文化体育活动、日间照料、疾病护理与康复等服务设施和网点，就近为老年人提供服务。

发扬邻里互助的传统，提倡邻里间关心、帮助有困难的老年人。

鼓励慈善组织、志愿者为老年人服务。倡导老年人互助服务。

第三十九条 各级人民政府应当根据经济发展水平和老年人服务需求，逐步增加对养老服务的投入。

各级人民政府和有关部门在财政、税费、土地、融资等方面采取措施，鼓励、扶持企业事业单位、社会组织或者个人兴办、运营养老、老年人日间照料、老年文化体育活动等设施。

第四十条 地方各级人民政府和有关部门应当按照老年人口比例及分布情况，将养老服务设施建设纳入城乡规划和土地利用总体规划，统筹安排养老服务设施建设用地及所需物资。

公益性养老服务设施用地，可以依法使用国有划拨土地或者农民集体所有的土地。

养老服务设施用地，非经法定程序不得改变用途。

第四十一条 政府投资兴办的养老机构，应当优先保障经济困难的孤寡、失能、高龄等老年人的服务需求。

第四十二条 国务院有关部门制定养老服务设施建设、养老服务质量和养老服务职业等标准，建立健全养老机构分类管理和养老服务评估制度。

各级人民政府应当规范养老服务收费项目和标准，加强监督和管理。

第四十三条 设立公益性养老机构，应当依法办理相应的登记。

设立经营性养老机构，应当在市场监督管理部门办理登记。

养老机构登记后即可开展服务活动，并向县级以上人民政府民政部门备案。

第四十四条 地方各级人民政府加强对本行政区域养老机构管理工作的领导，建立养老机构综合监管制度。

县级以上人民政府民政部门负责养老机构的指导、监督和管理，其他有关部门依照职责分工对养老机构实施监督。

第四十五条 县级以上人民政府民政部门依法履行监督检查职责，可以采取以下措施：

（一）向养老机构和个人了解情况；

（二）进入涉嫌违法的养老机构进行现场检查；

（三）查阅或者复制有关合同、票据、账簿及其他有关资料；

（四）发现养老机构存在可能危及人身健康和生命财产安全风险的，责令限期改正，逾期不改正的，责令停业整顿。

县级以上人民政府民政部门调查养老机构涉嫌违法的行为，应当遵守《中华人民共和国行政强制法》和其他有关法律、行政法规的规定。

第四十六条　养老机构变更或者终止的，应当妥善安置收住的老年人，并依照规定到有关部门办理手续。有关部门应当为养老机构妥善安置老年人提供帮助。

第四十七条　国家建立健全养老服务人才培养、使用、评价和激励制度，依法规范用工，促进从业人员劳动报酬合理增长，发展专职、兼职和志愿者相结合的养老服务队伍。

国家鼓励高等学校、中等职业学校和职业培训机构设置相关专业或者培训项目，培养养老服务专业人才。

第四十八条　养老机构应当与接受服务的老年人或者其代理人签订服务协议，明确双方的权利、义务。

养老机构及其工作人员不得以任何方式侵害老年人的权益。

第四十九条　国家鼓励养老机构投保责任保险，鼓励保险公司承保责任保险。

第五十条　各级人民政府和有关部门应当将老年医疗卫生服务纳入城乡医疗卫生服务规划，将老年人健康管理和常见病预防等纳入国家基本公共卫生服务项目。鼓励为老年人提供保健、护理、临终关怀等服务。

国家鼓励医疗机构开设针对老年病的专科或者门诊。

医疗卫生机构应当开展老年人的健康服务和疾病防治工作。

第五十一条　国家采取措施，加强老年医学的研究和人才培养，提高老年病的预防、治疗、科研水平，促进老年病的早期发现、诊断和治疗。

国家和社会采取措施，开展各种形式的健康教育，普及老年保健知识，增强老年人自我保健意识。

第五十二条　国家采取措施，发展老龄产业，将老龄产业列入国家扶持行业目录。扶持和引导企业开发、生产、经营适应老年人需要的用品和提供相关的服务。

第五章　社会优待

第五十三条　县级以上人民政府及其有关部门根据经济社会发展情况和老年人的特殊需要，制定优待老年人的办法，逐步提高优待水平。

对常住在本行政区域内的外埠老年人给予同等优待。

第五十四条　各级人民政府和有关部门应当为老年人及时、便利地领取养老金、结算医疗费和享受其他物质帮助提供条件。

第五十五条　各级人民政府和有关部门办理房屋权属关系变更、户口迁移等涉及老年人权益的重大事项时，应当就办理事项是否为老年人的真实意思表示进行询问，并依法优先办理。

第五十六条　老年人因其合法权益受侵害提起诉讼交纳诉讼费确有困难的，可以缓交、减交或者免交；需要获得律师帮助，但无力支付律师费用的，可以获得法律援助。

鼓励律师事务所、公证处、基层法律服务所和其他法律服务机构为经济困难的老年人提供免费或者优惠服务。

第五十七条　医疗机构应当为老年人就医提供方便，对老年人就医予以优先。有条件的地方，可以为老年人设立家庭病床，开展巡回医疗、护理、康复、免费体检等服务。

提倡为老年人义诊。

第五十八条　提倡与老年人日常生活密切相关的服务行业为老年人提供优先、优惠服务。

城市公共交通、公路、铁路、水路和航空客运，应当为老年人提供优待和照顾。

第五十九条　博物馆、美术馆、科技馆、纪念馆、公共图书馆、文化馆、影剧院、体育场馆、公园、旅游景点等场所，应当对老年人免费或者优惠开放。

第六十条　农村老年人不承担兴办公益事业的筹劳义务。

第六章　宜居环境

第六十一条　国家采取措施，推进宜居环境建设，为老年人提供安全、便利和舒适的环境。

第六十二条　各级人民政府在制定城乡规划时，应当根据人口老龄化发展趋势、老年人口分布和老年人的特点，统筹考虑适合老年人的公共基础设施、生活服务设施、医疗卫生设施和文化体育设施建设。

第六十三条　国家制定和完善涉及老年人的工程建设标准体系，在规划、设计、施工、监理、验收、运行、维护、管理等环节加强相关标准的实施与监督。

第六十四条　国家制定无障碍设施工程建设标准。新建、改建和扩建道路、公共交通设施、建筑物、居住区等，应当符合国家无障碍设施工程建设标准。

各级人民政府和有关部门应当按照国家无障碍设施工程建设标准，优先推进与老年人日常生活密切相关的公共服务设施的改造。

无障碍设施的所有人和管理人应当保障无障碍设施正常使用。

第六十五条　国家推动老年宜居社区建设，引导、支持老年宜居住宅的开发，推动和扶持老年人家庭无障碍设施的改造，为老年人创造无障碍居住环境。

第七章　参与社会发展

第六十六条　国家和社会应当重视、珍惜老年人的知识、技能、经验和优良品德，发挥老年人的专长和作用，保障老年人参与经济、政治、文化和社会生活。

第六十七条　老年人可以通过老年人组织，开展有益身心健康的活动。

第六十八条　制定法律、法规、规章和公共政策，涉及老年人权益重大问题的，应当听取老年人和老年人组织的意见。

老年人和老年人组织有权向国家机关提出老年人权益保障、老龄事业发展等方面的意见和建议。

第六十九条　国家为老年人参与社会发展创造条件。根据社会需要和可能，鼓励老年人在自愿和量力的情况下，从事下列活动：

(一)对青少年和儿童进行社会主义、爱国主义、集体主义和艰苦奋斗等优良传统教育；

(二)传授文化和科技知识；

(三)提供咨询服务；

(四)依法参与科技开发和应用；

(五)依法从事经营和生产活动；

(六)参加志愿服务、兴办社会公益事业；

(七)参与维护社会治安、协助调解民间纠纷；

(八)参加其他社会活动。

第七十条　老年人参加劳动的合法收入受法律保护。

任何单位和个人不得安排老年人从事危害其身心健康的劳动或者危险作业。

第七十一条　老年人有继续受教育的权利。

国家发展老年教育，把老年教育纳入终身教育体系，鼓励社会办好各类老年学校。

各级人民政府对老年教育应当加强领导，统一规划，加大投入。

第七十二条　国家和社会采取措施，开展适合老年人的群众性文化、体育、娱乐活动，丰富老年人的精神文化生活。

第八章　法律责任

第七十三条　老年人合法权益受到侵害的，被侵害人或者其代理人有权要求有关部门处理，或者依法向人民法院提起诉讼。

人民法院和有关部门，对侵犯老年人合法权益的申诉、控告和检举，应当依法及时受理，不得推诿、拖延。

第七十四条　不履行保护老年人合法权益职责的部门或者组织，其上级主管部门应当给予批评教育，责令改正。

国家工作人员违法失职，致使老年人合法权益受到损害的，由其所在单位或者上级机关责令改正，或者依法给予处分；构成犯罪的，依法追究刑事责任。

第七十五条　老年人与家庭成员因赡养、扶养或者住房、财产等发生纠纷，可以申请人民调解委员会或者其他有关组织进行调解，也可以直接向人民法院提起诉讼。

人民调解委员会或者其他有关组织调解前款纠纷时，应当通过说服、疏导等方式化解矛盾和纠纷；对有过错的家庭成员，应当给予批评教育。

人民法院对老年人追索赡养费或者扶养费的申请，可以依法裁定先予执行。

第七十六条　干涉老年人婚姻自由，对老年人负有赡养义务、扶养义务而拒绝赡养、扶养，虐待老年人或者对老年人实施家庭暴力的，由有关单位给予批评教育；构成违反治安管理行为的，依法给予治安管理处罚；构成犯罪的，依法追究刑事责任。

第七十七条　家庭成员盗窃、诈骗、抢夺、侵占、勒索、故意损毁老年人财物，构成违反治安管理行为的，依法给予治安管理处罚；构成犯罪的，依法追究刑事责任。

第七十八条　侮辱、诽谤老年人，构成违反治安管理行为的，依法给予治安管理处罚；构成犯罪的，依法追究刑事责任。

第七十九条　养老机构及其工作人员侵害老年人人身和财产权益，或者未按照约定提供服务的，依法承担民事责任；有关主管部门依法给予行政处罚；构成犯罪的，依法追究刑事责任。

第八十条　对养老机构负有管理和监督职责的部门及其工作人员滥用职权、玩忽职守、徇私舞弊的，对直接负责的主管人员和其他直接责任人员依法给予处分；构成犯罪的，依法追究刑事责任。

第八十一条　不按规定履行优待老年人义务的，由有关主管部门责令改正。

第八十二条　涉及老年人的工程不符合国家规定的标准或者无障碍设施所有人、管理人未尽到维护和管理职责的，由有关主管部门责令改正；造成损害的，依法承担民事责任；对有关单位、个人依法给予行政处罚；构成犯罪的，依法追究刑事责任。

第九章　附则

第八十三条　民族自治地方的人民代表大会，可以根据本法的原则，结合当地民族风俗习惯的具体情况，依照法定程序制定变通的或者补充的规定。

第八十四条　本法施行前设立的养老机构不符合本法规定条件的，应当限期整改。具体办法由国务院民政部门制定。

第八十五条　本法自 2013 年 7 月 1 日起施行。

附录4：大学生孝德教育状况调查问卷

亲爱的朋友：

您好！孝德乃人伦之本、道德之源。随着社会的发展，孝德的内涵和外延也得到了丰富和拓展。为了解大学生孝德教育现状，为加强和改进道德教育提供决策依据，我们设计了此调查问卷。本问卷调查采取无记名方式，不做课题研究以外的其他用途。请将所选答案的符号填在题前括号内，衷心谢谢您的参与支持！

大学生孝德教育状况调研组

1. 性别：(　　)

A. 男　　B. 女

2. 年级：(　　)

A. 大一　　B. 大二　　C. 大三　　D. 大四　　E. 其他

3. 您是否是独生子女：(　　)

A. 是　　B. 不是

4. 您是否记得父母的生日：(　　)

A. 记得并精心准备庆祝　　B. 记得但没有专门庆祝

C. 记在纸上没记在心里　　D. 父母没说过我也没问

5. 您是否愿意跟一个没有孝心的人交往：(　　)

A. 非常愿意　　B. 无所谓，无关人品

C. 有点反对但也可接受　　D. 强烈鄙视并坚决抵制

6. 您是否了解父母的健康状况：(　　)

A. 了解　　B. 不了解

7. 当您遇到难题时的做法：(　　)

A. 第一时间跟父母交流　　B. 找朋友倾诉

C. 自己一个人独立解决　　D. 其他

8. 您认为孝最重要的是子女应对父母长辈：(　　)

A. 经济供养　　B. 生活照料

C. 精神慰藉或情感支持　　D. 其他

9. 您认为孝不是：(　　)

A. 尊重父母　　　　B. 履行子女对父母的责任

C. 爱父母以及报偿父母　　　　D. 绝对地服从父母

10. 您认为老年人最易接受的护理方式是：(　　)

A. 机构护理　　　　B. 家庭护理

C. 社区护理　　　　D. 其他

11. 您最易接受的赡养老人的模式是：(　　)

A. 同住型赡养　　　　B. 近居型赡养

C. 远居型赡养　　　　D. 去养老院　　　　E. 自我养老

12. 您认为目前我国农村养老经费的主要来源是：(　　)

A. 子女赡养费　　　　B. 配偶和自己劳动所得

C. 政府救济　　　　D. 养老保险金　　　　E. 其他

13. 您近五年平均每年回家的次数：(　　)

A. 0 次　　B. 1 次　　C. 2 次　　D. 3 次

E. 4 次以上

14. 您平均每年陪伴在父母身边的时间为：(　　)

A. 10 天以下　　　　B. 10~20 天

C. 20~30 天　　　　D. 30 天以上

15. 您在家陪父母的频率：(　　)

A. 不会　　B. 偶尔　　C. 经常　　D. 每天

16. 您每个月主动给父母打电话的次数平均是：(　　)

A. 0 次　　B. 1~2 次　　C. 3~5 次　　D. 5~10 次

E. 10 次以上

17. 您的工资是否会留一部分给父母做日常开销：(　　)

A. 不会，偶尔需父母资助　　　　B. 很少

C. 大部分给父母　　　　D. 除自身花销外全给

18. 您回家是否会主动帮助父母做家务：(　　)

A. 不会　　B. 很少　　C. 经常　　D. 每天

19. 您是否会为父母剪指甲、梳头、揉肩、洗脚：(　　)

A. 不会　　B. 很少　　C. 经常　　D. 每天

20. 您是否对父母恶言相对：(　　)

A. 不会　B. 偶尔　C. 经常　D. 每天

21. 您对任何人都应该“滴水之恩当以涌泉相报”：(　　)

A. 不赞同　B. 不确定　C. 比较赞同　D. 非常赞同

22. 在下列人员中，您会对谁报恩：(可多选)(　　)

A. 父母　B. 兄弟姐妹　C. 亲戚朋友　D. 给自己帮助的人

E. 陌生人

23. 您对社会、对国家、对身边的一花一草一事一物都应持有感恩之心：(　　)

A. 不赞同　B. 不确定　C. 比较赞同　D. 非常赞同

24. 您对富士康员工频繁跳楼现象的看法：(　　)

A. 事不关己　B. 不可取，太轻视自己生命　C. 虽然极端，但可取

D. 如果没有更好地解决问题的办法，我也会选择这种方式

25. 在法律不允许的范围内剥夺他人生命：(　　)

A. 不管什么原因都不能　B. 有合理原因是可以的

C. 与我无关　D. 他人生命可以任意剥夺

26. 您对于自己的生命：(　　)

A. 任何情况下都不会轻生　B. 偶尔会有轻生的念头

C. 压力太大而无法解决时我会选择轻生　D. 我有过自杀经历

27. 您是否会参加爱心募捐、社会公益或志愿者活动：(　　)

A. 不会　B. 不确定　C. 偶尔会　D. 一定会

E. 以后会考虑

28. 您是否会施舍钱财给街头行乞的人：(　　)

A. 不会给　B. 不太确定

C. 遇到后偶尔会给　D. 经常给

29. (第28题选答案A的答题者做)对于28题，您选A的原因是：(　　)

A. 自己生活比较拮据，没有能力施舍　B. 不愿给，不觉得他们可怜

C. 不相信行乞的人，很多行乞的人是骗子　D. 对他们的处境没有感觉

30. 父母生日或过年过节时，您是否会给父母封红包：(　　)

A. 从来没有　B. 有想过，但是没有实施

C. 偶尔会　D. 一定会

31. 您认为目前老年人的基本权益是否得到保障:(　　)

A. 得到充分保障　　B. 基本得到保障

C. 很少得到保障　　D. 没有得到保障

32. 新修订的《中华人民共和国老年人权益保障法》规定“赡养人要经常看望或者问候空巢老人”, 您认为:(　　)

A. 非常必要　　B. 有必要, 但我没时间、没钱, 也不方便

C. 没必要, 父母不会责怪的　　D. 完全没有必要将道德问题法律化

33. 您认为下列哪些应是孝德的内容:(可多选)(　　)

A. 感恩他人　　B. 敬畏生命　　C. 富有爱心　　D. 孝敬父母

F. 慈爱子女　　G. 尊敬兄长　　H. 其他

34. 您觉得中国的孝德教育做得如何:(　　)

A. 不好　　B. 一般　　C. 很好　　D. 不清楚

35. 您是否接触过《孝经》《二十四孝》等书籍中有关“孝”的名言警句? 您认为怎样才能弘扬中华民族传统孝德?

____

____

____

参考文献

一、中文经典著作

[1]马克思，恩格斯. 德意志意识形态[M]. 中共中央马克思恩格斯列宁斯大林著作编译局，译. 北京：人民出版社，1961.

[2]马克思. 关于费尔巴哈的提纲[M]//马克思，恩格斯. 马克思恩格斯选集：第1卷. 北京：人民出版社，2012.

[3]恩格斯. 反杜林论[M]. 中共中央马克思恩格斯列宁斯大林著作编译局，译. 北京：人民出版社，2012.

[4]恩格斯. 家庭、私有制和国家的起源[M]中共中央马克思恩格斯列宁斯大林著作编译局，译. 北京：人民出版社，2018.

[5]列宁. 谈谈辩证法问题[M]//列宁. 列宁选集：第2卷. 北京：人民出版社，2012.

[6]列宁. 哲学笔记[M]. 中共中央马克思恩格斯列宁斯大林著作编译局，译. 北京：人民出版社，1998.

[7]毛泽东. 实践论[M]//毛泽东. 毛泽东选集：第1卷. 北京：人民出版社，1991.

[8]毛泽东. 矛盾论[M]//毛泽东. 毛泽东选集：第1卷. 北京：人民出版社，1991.

[9]毛泽东. 新民主主义论[M]//毛泽东. 毛泽东选集：第2卷. 北京：人民出版社，1991.

[10]毛泽东. 在延安文艺座谈会上的讲话[M]//毛泽东. 毛泽东选集：第3卷. 北京：人民出版社，1991.

[11]中共中央宣传部. 习近平总书记系列重要讲话读本：2016年版[M]. 北京：学习出版社、人民出版社，2016.

[12]习近平. 论党的宣传思想工作[M]. 北京：中央文献出版社，2020.

[13]习近平. 习近平谈治国理政：第一卷[M]. 北京：外文出版社，2018.

[14]习近平. 习近平谈治国理政：第二卷[M]. 北京：外文出版社，2017.
[15]习近平. 习近平谈治国理政：第三卷[M]. 北京：外文出版社，2020.
[16]习近平. 习近平谈治国理政：第四卷[M]. 北京：外文出版社，2022.
[17]习近平. 高举中国特色社会主义伟大旗帜 为全面建设社会主义现代化国家而团结奋斗：在中国共产党第二十次全国代表大会上的报告[M]. 北京：人民出版社，2022.
[18]习近平. 习近平著作选读：第 1 卷[M]. 北京：人民出版社，2023.
[19]习近平. 习近平著作选读：第 2 卷[M]. 北京：人民出版社，2023.
[20]陈晓芬，徐儒宗. 论语・大学・中庸[M]. 2 版. 北京：中华书局，2015.
[21]杨伯峻. 论语译注[M]. 3 版. 北京：中华书局，2009.
[22]杨伯峻. 孟子译注[M]. 3 版. 北京：中华书局，2010.
[23]方勇，李波. 荀子[M]. 2 版. 北京：中华书局，2015.
[24]辛战军. 老子译注[M]. 北京：中华书局，2008.
[25]胡平生. 孝经译注[M]. 北京：中华书局，1996.
[26]李山，轩新丽. 管子[M]. 北京：中华书局，2019.

二、中文学术著作

[1]李秀林，王于，李淮春. 辩证唯物主义和历史唯物主义原理[M]. 6 版. 北京：中国大学出版社，2022.
[2]汪受宽. 孝经译注[M]. 新 1 版. 上海：上海古籍出版社，2004.
[3]曾振宇，齐金江. 孝[M]. 北京：中国社会科学出版社，2006.
[4]陈瑛. 中国伦理思想史[M]. 长沙：湖南教育出版社，2004.
[5]朱贻庭. 中国传统伦理思想史[M]. 增订本. 上海：华东师范大学出版社，2003.
[6]宋希仁. 西方伦理学思想史[M]. 长沙：湖南教育出版社，2006.
[7]《思想政治教育学原理》编写组. 思想政治教育学原理[M]. 2 版. 北京：高等教育出版社，2018.
[8]毕红梅，陈万柏. 思想政治教育学原理[M]. 2 版. 北京：中国人民大学出版社，2021.
[9]郑永廷. 思想政治教育方法论[M]. 3 版. 北京：高等教育出版社，2022.
[10]张岂之. 中国传统文化[M]. 3 版. 北京：高等教育出版社，2010.
[11]黄钊，等. 中国道德文化[M]. 武汉：湖北人民出版社，2000.
[12]黄钊. 中国古代政治思想史纲[M]. 武汉：武汉大学出版社，1992.
[13]谢宝耿. 中国孝道精华[M]. 上海：上海社会科学院出版社，2000.
[14]朱翔非. 新孝道[M]. 北京：京华出版社，2011.
[15]朱翔非. 孝里有道[M]. 北京：中华书局，2011.

[16]荆惠民. 中国人的美德：仁义礼智信[M]. 北京：中国人民大学出版社，2006.
[17]肖群忠. 孝与中国文化[M]. 北京：人民出版社，2001.
[18]肖群忠. 伦理与传统[M]. 北京：人民出版社，2006.
[19]康学伟. 先秦孝道研究[M]. 长春：吉林人民出版社，2000.
[20]王泽应. 现代新儒家伦理思想研究[M]. 长沙：湖南师范大学出版社，1997.
[21]查昌国. 先秦"孝"、"友"观念研究：兼汉宋儒学探索[M]. 合肥：安徽大学出版社，2006.
[22]叶光辉，杨国枢. 中国人的孝道：心理学的分析[M]. 重庆：重庆大学出版社，2009.
[23]李晶. 孝道文化与社会和谐[M]. 北京：中国社会出版社，2009.
[24]夏爱军，王裕民. 中华传统美德丛书·忠孝卷[M]. 南京：南京大学出版社，2008.
[25]王玉德. 孝——中国家政理念之评议[M]. 南宁：广西人民出版社，1997.
[26]赵康太. 中外马克思主义理论教育比较研究[M]. 北京：中国社会科学出版社，2009.
[27]业露华. 道洽六亲：佛教孝道观[M]. 北京：宗教文化出版社，2009.
[28]联合国教科文组织国际教育发展委员会. 学会生存：教育世界的今天和明天[M]. 华东师范大学比较教育研究所，译. 北京：教育科学出版社，1996.
[29]王玉德. 孝——中国家政理念之评议[M]. 南宁：广西人民出版社，1997.
[30]刘清河，李锐. 先秦礼乐[M]. 北京：北京师范大学出版社，2009.
[31]李欣. 老年心理维护与服务[M]. 北京：北京大学出版社，2013.
[32]邬沧萍. 社会老年学[M]. 北京：中国人民大学出版社，1999.
[33]刘喜珍. 老龄伦理研究[M]. 北京：中国社会科学出版社，2009.
[34]孙鹃娟，梅陈玉婵，陈华娟. 老年学与老有所为：国际视野[M]. 北京：中国人民大学出版社，2014.
[35]付开虎. 孝道智慧[M]. 北京：北京时代华文书局，2014.
[36]朱岚. 中国传统孝道七讲[M]. 北京：中国社会出版社，2008.
[37]季庆阳. 孝文化的传承与创新：基于大唐盛世的考察[M]. 西安：西安电子科技大学出版社，2015.
[38]赵林. 西方文化概论[M]. 2 版. 北京：高等教育出版社，2008.
[39]乔德福. 家庭道德新论[M]. 北京：中国社会出版社，2008.
[40]李晶. 孝道文化与社会和谐[M]. 北京：中国社会出版社，2009.
[41]李学颖. 礼义之邦：中国交际文化[M]. 上海：上海古籍出版社，1991.
[42]业露华. 道洽六亲：佛教孝道观[M]. 北京：宗教文化出版社，2009.
[43]康学伟. 先秦孝道研究[M]. 长春：吉林人民出版社，2000.
[44]王鸿. 道教故事：图文本[M]. 西安：陕西旅游出版社，2001.

[45]于可. 当代基督新教[M]. 北京：东方出版社，1993.
[46]郝澎. 基督教与圣经：英汉对照[M]. 2版. 海口：南海出版公司，2007.
[47]胡平生，许颖，徐敏. 孝经·地藏经·文昌孝经[M]. 北京：中华书局，2009.
[48]赵士林. 中华传统文化开讲[M]. 北京：中华书局，2014.
[49]陈战国. 先秦儒学史[M]. 北京：人民出版社，2012.
[50]李汉秋，宋月航，王牧之. 诚孝仁义公：中华美德新五常[M]. 北京：中华书局，2014.
[51]王丹彦，夏伟东. 传统与选择：中国传统道德大家谈[M]. 北京：中国人民大学出版社，1996.
[52]瞿振元，夏伟东. 中国传统道德讲义[M]. 北京：中国人民大学出版社，1997.
[53]张国强，梅柳. 先秦两汉儒家道德教化思想研究[M]. 长沙：中南大学出版社，2007.
[54]张祥龙.《尚书·尧典》解说：以时、孝为源的正治[M]. 北京：生活·读书·新知三联书店，2015.
[55]孙一乃. 家道与孝道：天经地义[M]. 北京：世界知识出版社，2016.
[56]郑晓江. 生命教育演讲录[M]. 南昌：江西人民出版社，2008.
[57]路杨. 当代大学生生命教育[M]. 武汉：武汉大学出版社，2014.
[58]梅萍，等. 当代大学生生命价值观教育研究[M]. 北京：中国社会科学出版社，2009.
[59]葛荣晋. 儒学精蕴与现代文明[M]. 北京：中国人民大学出版社，2014.
[60]李喜所. 五千年中外文化交流史[M]. 北京：世界知识出版社，2002.
[61]王琛发. 马来西亚华人民间节日研究[M]. 吉隆坡：艺品多媒体传播中心，2002.
[62]张恺悌，郭平. 中国人口老龄化与老年人状况蓝皮书[M]. 北京：中国社会出版社，2010.
[63]朱岚. 中国传统孝道思想发展史[M]. 北京：国家行政学院出版社，2011.
[64]何世明. 从基督教看中国孝道[M]. 北京：宗教文化出版社，1999.
[65]陈来. 中华文明的核心价值：国学流变与传统价值观[M]. 北京：生活·读书·新知三联书店，2014.
[66]张祥龙. 家与孝：从中西间视野看[M]. 北京：生活·读书·新知三联书店，2017.
[67]沈壮海. 新编思想政治教育学原理[M]. 北京：中国人民大学出版社，2022.
[68]杨汝清. 孝道离我们有多远：《孝经》与幸福人生[M]. 北京：中国纺织出版社，2017.
[69]曾仕强. 孝就是道[M]. 西安：陕西师范大学出版社，2012.
[70]骆承烈. 中国古代孝道资料选编[M]. 济南：山东大学出版社，2003.
[71]肖波. 中国孝文化概论[M]. 北京：人民出版社，2012.
[72]黄建华. 中国孝文化教育研究[M]. 北京：九州出版社，2017.
[73]伍雄武. 中华传统道德的现代意义[M]. 昆明：云南大学出版社，2007.

[74]海德格尔. 尼采十讲[M]. 苏隆，译，北京：中国言实出版社，2004.
[75]桑原骘藏. 中国之孝道[M]. 宋念慈，译，台北：台湾中华书局，1980.
[76]舒尔茨. 老龄化经济学[M]. 裴晓梅，等译，北京：社会科学文献出版社，2010.
[77]艾德勒，范多伦. 西方思想宝库[M].《西方思想宝库》编委会，译. 长春：吉林人民出版社，1988.
[78]史密斯. 中国人的德行[M]. 陈新峰，译，北京：金城出版社，2008.

三、中文学术论文

[1]鄢盛明，陈皆明，杨善华. 居住安排对子女赡养行为的影响[J]. 中国社会科学，2001(1)：130-140，207.
[2]刘函池. 新时代中国传统孝道思想的转化与传承：基于全国公民孝道观念的调查[J]. 思想教育研究，2019(2)：126-131.
[3]程承坪，罗栋. 国外应对人口老龄化的政策[J]. 国外社会科学，2013(2)：56-62.
[4]王岳川. 孝结构在中国文化中的意义：以《大学》《中庸》为中心的文化阐释[J]. 西华师范大学学报(哲学社会科学版)，2009(5)：1-8.
[5]孙明君. 孝道浅谈[J]. 道德与文明，2000(2)：33-36.
[6]季庆阳. 近十年中国大陆孝文化研究综述[J]. 社会科学评论，2009(3)：121-128.
[7]肖群忠. 谈孝德[J]. 中国德育，2014(12)：28-32.
[8]肖群忠. 孝与中国国民性[J]. 哲学研究，2000(7)：33-41，80.
[9]肖群忠. 孝道观念在国人生活及民俗中的影响渗透[J]. 西北师大学报(社会科学版)，1998，35(3)：85-89.
[10]罗国杰. "孝"与中国传统文化和传统道德[J]. 道德与文明，2003(3)：78-79.
[11]石文玉. 从个人德行到政治伦理：以贞、孝、忠为中心的考察[J]. 东北师大学报(哲学社会科学版)，2008(5)：97-100.
[12]王敏，许启伟. 忠孝伦理与日本企业文化[J]. 日本问题研究，2007，21(3)：61-64.
[13]刘新玲. 对传统"孝道"的继承和超越：大学生"孝"观念调查[J]. 河北科技大学学报(社会科学版)，2005，5(2)：68-72.
[14]肖平. 关于孝德的思考[J]. 道德与文明，2004(1)：41-43.
[15]陈旭. 孝亲、忠君、爱民：清官政治思想模式[J]. 同济大学学报(社会科学版)，2004，15(6)：96-100，115.
[16]陈骏. 传承孝德文化精髓 弘扬社会主义核心价值观[J]. 中国高等教育，2014(20)：7-8.
[17]曾振宇. 孝作为伦理与哲学范畴如何可能[J]. 东岳论丛，2005，26(3)：90-94.

[18]龙升芳.从上虞民间孝谚语看人们的孝德观念[J].学理论，2013(34)：177-178.

[19]臧乐源.孝的思辨[J].中华文化论坛，2004(1)：61-63.

[20]李靖.中国传统与现代法制中孝道之比较研究[J].唐山师范学院学报，2018，40(2)：122-131.

[21]巴晓津.汉初“孝德”的形成与确立：以陆贾、贾谊思想为中心[J].天津师范大学学报(社会科学版)，2014(4)：14-18.

[22]岳鹰.论中国传统孝道文化的内涵及其传承[J].齐齐哈尔大学学报(哲学社会科学版)，2017(8)：38-41.

[23]于慧芳.论传统孝德中蕴含的精神孝养及其现实意义[J].洛阳师范学院学报，2015，34(7)：54-58.

[24]孔润年.传统“孝”德内涵的演变与现代转换[J].道德与文明，2011(3)：84-88.

[25]王政军，张莉.《管子》中的孝德思想探析[J].青岛农业大学学报(社会科学版)，2019，31(2)：81-84，89.

[26]谢胜旺.儒家孝德思想的历史演进及其评价[J].南阳理工学院学报，2014，6(5)：1-5.

[27]文雅.古今之间的“孝道”：兼论传统孝道的现代转换[J].道德与文明，2017(5)：39-44.

[28]陈谷嘉，吴增礼.论《二十四孝》的人伦道德价值[J].伦理学研究，2008(4)：78-84.

[29]郁有学.近代中国知识分子对传统孝道的批判与重建[J].东岳论丛，1996，17(2)：77-82.

[30]卢明霞，李重阳.孝亲诗及其在孝德教育中的作用[J].内蒙古师范大学学报(教育科学版)，2012，25(9)：51-53.

[31]卢明霞，杨吉春.宋明理学孝德教育思想探析[J].东北师大学报(哲学社会科学版)，2016(5)：233-237.

[32]王克歌.儒家孝德论与当代孝德教育[J].中国成人教育，2011(20)：58-60.

[33]潘华，马晓颖.孝养是否“应当”？——对丹尼尔斯和英格莉希论题的评析[J].石家庄经济学院学报，2008，31(2)：108-110.

[34]肖波.高校孝德教育与爱国主义教育论析：以湖北工程学院为例[J].学校党建与思想教育，2012(24)：4-5.

[35]隋淑芬.我国传统孝德现代转化的困境：兼论孝德的认同机制[J].中国教育学刊，2005(9)：30-33.

[36]李四芬，李上文.孝观念的源流与演变[J].江西社会科学，2008，28(3)：238-241.

[37]王涤.关于中国现代新孝道文化特点及其功能作用的探析：兼论提倡新孝道文化中应处理好的几个关系[J].人口研究，2004，28(3)：76-81.

[38]黄宇雁."孝"书籍与孝观念在日本的流传[J].浙江教育学院学报，2001(1)：82-84.
[39]谷树新.传统孝道的现代化[J].兰州学刊，2006(1)：89-91.
[40]郭云芳.传统孝文化传播与当代青少年德育[J].东南传播，2007(12)：111-112.
[41]高中建，张英敏.传统孝文化在青少年道德教育中的价值探讨[J].中国青年研究，2008(2)：86-90.
[42]朴钟锦.韩国人孝道观念的历史变迁及其特点[J].北京第二外国语学院学报，1996，18(3)：177-183.
[43]朴钟锦.儒家"孝"道观念的时代价值：中、韩传统"孝"观念及其与西方"孝"观念的比较研究[J].北京第二外国语学院学报，1999，21(2)：36-43.
[44]肖平.关于孝德的思考[J].道德与文明，2004(1)：41-43.
[45]张祥龙.孝意识的时间分析[J].北京大学学报(哲学社会科学版)，2006，43(1)：14-24.
[46]谷树新.传统孝道的现代化[J].兰州学刊，2006(1)：89-91.
[47]谢宝耿."孝"的历史嬗变及其现代价值[J].探索与争鸣，2000(3)：33-35.
[48]梅良勇，张方玉.《孝经》的家庭伦理思想研究[J].学海，2000(5)：116-120.
[49]史少博.《孝经》的现代意义阐释[J].兰州学刊，2008(10)：152-154.
[50]方磊.《孝经》意义新论[J].西南民族学院学报(哲学社会科学版)，1999，20(S6)：219-222.
[51]陈坚.儒佛"孝"道观的比较[J].孔子研究，2008(3)：77-89.
[52]杨润根.仁义礼智信忠孝新论[J].江西财经大学学报，2004(5)：87-92.
[53]陈治国.儒学和基督教"孝"伦理观之比较[J].河北学刊，2005，25(6)：52-58.
[54]陈筱芳.孝德的起源及其与宗法、政治的关系[J].西南民族学院学报(哲学社会科学版)，2000，21(9)：118-125.
[55]孙先英.中国孝文化剖析[J].求索，2004(9)：254-256.
[56]杨昌江.谈"孝文化"的现代化问题[J].湖北社会科学，2006(4)：132-133.
[57]杨振华.论"孝"在提升个人道德修养上的价值[J].山东科技大学学报(社会科学版)，2005，7(3)：45-48.
[58]杨振华.论《孝经》在大学德育中的价值[J].现代大学教育，2005(4)：64-67.
[59]杨世华.浅述净明道的忠孝思想及现代价值[J].中国道教，2002(6)：28-29.
[60]李友金.略论净明道的忠孝思想[J].中国道教，2006(4)：28-30.
[61]吕锡琛.论净明道对儒家忠孝思想的继承和发展[J].株洲工学院学报，2005，19(5)：9-11.

四、外文文献

[1]BLUSTEIN J. Parents and children: the ethics of the family[M]. New York: Oxford University Press, 1982.

[2]PARIS D C. Ideology and educational reform: themes and theories in public education[M]. Boulder, CO: Westview Press, 1995.

[3]LEVINAS E, NEMO P. Ethics and infinity[M]. Pittsburgh: Duquesne University Press, 1985.

[4]BELLIOTTI R A. Honor thy father and thy mother and to thine own self be true[J]. The Southern Journal of Philosophy, 1986, 24(2): 149-162.

[5]BELLIOTTI R A. Parents and children: a reply to narveson[J]. The Southern Journal of Philosophy, 1988, 26(2): 285-292.

[6]BIAN F Q, LOGAN J R, BIAN Y J. Intergenerational relations in urban China: proximity, contact, and help to parents[J]. Demography, 1998, 35(1): 115-124.

[7]AJROUCH K J. Arab-American immigrant Elders' views about social support[J]. Ageing and Society, 2005, 25(5): 655-673.

[8]KUK M H. Confucian tradition and its future of "filial piety culture" in view of ancestral rites[J]. Jonrnal of Social Thoughts and Culture, 2005, 12: 131.

[9]KLINE S L, ZHANG S Y. The role of relational communication characteristics and filial piety in mate preferences: cross-cultural comparisons of Chinese and US college students[J]. Journal of Comparative Family Studies, 2009, 40(3): 325-353.

后　记

百善孝为先，立爱自亲始。由“亲亲”而“不独亲其亲”“老吾老以及人之老”，进而“爱众”“爱物”，这是中国传统孝德的基本逻辑。以此为基点，本书是结合相关课题研究，对新时代孝德问题所做思考的最终成果。

本书在界定孝德概念、分析孝德结构与特点的基础上，分别探讨了孝德的起源与历史发展，孝德的内容、功能与机制，孝德教育的运行，孝德教育的问题及其成因，孝德教育的内容，孝德教育的原则、途径与方法，孝德教育的发展趋势等方面的问题。参加撰写书稿的人员是：贺才乐(绪论、第一章、第二章、结语)，秘金雷、杨秀娟(第三章、附录、参考文献)，雷亚婷、陶红肖(第四章)，张华、龙雯静(第五章)，张凯、库都斯·克依木(第六章)。贺才乐、秘金雷制订书稿提纲，负责书稿修改并统稿、定稿。

专著初稿完成后，多位专家提出了宝贵的修改意见，在此特别鸣谢。该项成果是在一定实证研究基础上进行理论分析而成的，其中还引用了其他研究者的调查材料与研究成果，对他们也一并表示感谢。感谢中南大学出版社、中南大学马克思主义学院领导，特别感谢中南大学出版社编辑杨贝女士为出版本书所做的贡献！

由于作者水平有限，书中难免会有疏漏和错误之处，敬请读者批评指正。

作者

2023 年 7 月

图书在版编目(CIP)数据

中国孝德及其教育研究 / 贺才乐等著. —长沙:
中南大学出版社, 2024.3

ISBN 978-7-5487-5725-2

Ⅰ. ①中… Ⅱ. ①贺… Ⅲ. ①孝-品德教育-研究-中国 Ⅳ. ①B823.1

中国国家版本馆 CIP 数据核字(2024)第 038477 号

中国孝德及其教育研究

ZHONGGUO XIAODE JIQI JIAOYU YANJIU

贺才乐　秘金雷　等著

□**出 版 人**　林绵优
□**责任编辑**　杨　贝
□**责任印制**　李月腾
□**出版发行**　中南大学出版社
社址:长沙市麓山南路　邮编:410083
发行科电话:0731-88876770　传真:0731-88710482
□**印　　装**　长沙创峰印务有限公司

□**开　　本**　710 mm×1000 mm　1/16　□**印张** 12.5　□**字数** 214 千字
□**版　　次**　2024 年 3 月第 1 版　□**印次** 2024 年 3 月第 1 次印刷
□**书　　号**　ISBN 978-7-5487-5725-2
□**定　　价**　58.00 元